**교실에서 못다 한
부산이야기**

이 책은 '2019 NEW BOOK 프로젝트-협성문화재단이
당신의 책을 만들어드립니다.' 선정작입니다.

교실에서 못다 한
부산이야기

허정백

ㅊㅁ빤

시작하며

　부산에서 태어나 군 복무를 제외하고 모든 시간을 부산에서 지내왔다. 어린 시절을 멋모르고 보내었던 곳, 어른의 심부름을 가며 재미삼아 가 보았던 곳, 학창시절 몸으로 부딪치고 다녔던 곳, 부산의 구석구석이 기억 속에 생생하게 살아있다. 세월과 함께 그곳들은 많은 변화를 겪었지만 그 변화를 기억하는 자에겐 모든 것이 예사롭지 않은 곳으로 보인다. 때로는 과거의 사실을 담은 역사적 현장이고, 때로는 미래를 바라보는 소망의 터전이다.

　부산에서 교사가 되어 부산의 아이들을 가르쳐 왔다. 30여 년을 중학교 학생들과 부대끼며 가르치는 일에만 전념해 왔다. 지나고 보니 가르치는 일밖에 모르는 자가 되었고, 가르치는 일 외에는 더 할 수 있는 게 없는 자가 되었다. 교실 수업에서 고함치는 것도 그렇겠지만, 교실 바깥에서 말하는 것도 가르침의 연속이었고, 심지어 글로 하는 작업도 내게는 일종의 가르침이라는 범주를 벗어나지 못하였다.

부산의 중학교 지역교과서『부산의 재발견』의 집필진으로 참여하면서 그동안 품어 왔던 부산의 기억을 글로 엮고 표현하기 시작했다. 글이 진행될수록 담고 싶은 부산 이야기는 더 많이 있었다. 한정된 지면의 제약 때문에 '부산의 재발견'에 담지 못한 이야기는 아쉽지만 마음에 담아 두었다. 이후 정규 수업뿐만 아니라 동아리 학생 지도, 교사나 학부모 대상 연수 등을 진행하면서 열심히 소개하기도 하였다. 그래도 못다 한 이야기를 글로 남기기 시작했다.

교사이고 가르치는 자이기 때문에 단순히 부산을 소개하거나 여행하는 차원의 글이 될 순 없었다. 이곳 부산에 살고 있는 사람이나 부산을 방문하는 사람에게 꼭 해주고 싶은 이야기를 최대한 자세히, 신명나게 담아내었다. 학생뿐만 아니라 일반 시민들을 위해서도 필요한 일이라고 생각했다. 예상보다 구석구석에 우리가 잊지 않고 기억해야 할 이야깃거리들이 있었고, 이것들을 알고 가르쳐야 한다는 일종의 직업적 습관에 싸여 글을 썼다.

글이 되고 보니 학생들은 물론 학부모나 일반인이 읽었으면 좋겠다고 여겨진다. 학부모가 자녀와 함께 읽고 책 속의 장소를 같이 방문해보면 더욱 좋은 일일 것이다. 그럴 때 우리 모두가 이 책의 이야기를 더 넓혀가는 저자가 될 것이다.

책이 나오기까지 같이 답사하고 글이 되도록 독려를 아끼지 않은 동료 수석교사 '애·화·선'은 생각만 해도 웃음을 짓게 하여 감사하기만 하다. 멘토 김경집 교수를 비롯하여 협성문화재단의 도움에 또한 감사한다. 그러나 무엇보다도, 누구보다도 가장 가까이에서 해준 축하가 가장 감사하다.

2019. 12
허정백

II. 역사의 아픔을 품은 곳

III. 새로운 삶이 어우러진 곳

Ⅰ. 부산의 모토, 동래

1

동래의 중심
동래읍성

동래는 부산의 모토다. 조선 시대 부산의 중심지 였으며, 부산을 다스리는 통치자가 이곳에 있었 다. 이름만 부산으로 바뀌었을 뿐 동래가 원래 부산이었다.

그 당시 동래 주민들은 동래읍성과 더불어 살아 가고 있었다. 성안에는 객사, 동헌을 비롯한 수 많은 관아가 있었고, 동래장터가 있었으며, 주민 들도 초가집을 짓고 살고 있었다. 6개의 성문이 있었고, 성문을 통해 성 밖 주민들은 물론 멀리 만덕이나 구포, 부산진, 초량왜관과 다대포 그리 고 수영과 해운대를 연결 지으며 살고 있었다. 동래읍성이 있는 곳이 부산의 제일 중심지였다. 지금은 어떻게 되었을까?

신협
농협
상가 상가
명륜아이파크
1단지아파트
명륜초등학교
ᄇ은행
로얄캐슬
소도베르크
아파트
엘리유리멘
부산은행
수안역

센트럴파크하이츠
1차아파트
작은도서관

동래사적공원
상가
대명여자
고등학교

동래읍성
역사관
복천박물관
동남
아
명장초등학교

내성지구대
복천현대
아파트
동래복천동
고분
조선 후기
동래읍성
동래읍성
도서관
학산여자
고등학교

복산동
행정복지센터
동호아파트
학산여자
중학교

동래구청
새마을금고
내성초등학교
조선 전기
동래읍성
법륜사
망월산
동래화목
아파트
수안치안센터

농협
미소지음
아파트
동래고등학교

동호주상복합
(2020년2월예정)

복산동계

동래읍성은 어디에?

　사진 가운데 좌우로 길게 뻗어 있는 초록색 능선은 무엇일까? 아래로 어지러이 놓인 주택가가 있고 위로 나란히 서 있는 아파트가 있는 사이에 공원같이 잘 꾸며져 예쁜 언덕을 이루고 있다. 이는 유명한 복천동 고분군이다. 삼국시대 부산에서 가장 유력한 세력 집단의 무덤이다. 이곳 언덕에 수많은 고분이 분포하고 있는데 산에서 이어져 아래로 뻗어 있는 모습이다. 이곳에 고분이 있다는 것은 당시 이 지역이 주변 많은 거주민을 관할하는 중심지[1]였음을 의미한다. 돔으로 된 야외 박물관도 보이고 오른쪽 산 아래에는 복천박물관 건물도 있다.

　1　신라시대는 동래군이라는 행정구역의 중심지가 되면서 부산 전체의 중심지역이 되었다. 고려 때는 중심지의 위치가 잠시 망미동 지역으로 옮겨가지만, 조선에 들면서 다시 동래 지역이 중심지가 되었고 조선 시대 내내 부산의 행정, 군사, 경제의 중심지가 되었다.

야외박물관 뒤쪽으로 흰색 동그라미 안을 자세히 보면 하얀색의 가느다란 선이 보인다. 이것은 무엇일까? 얕은 산의 능선을 따라 뭔가가 만들어져 있는 것 같다. 성(城)인가? 그렇다면 산을 따라 형성되었으니 산성인가? 산성은 대부분 높은 산꼭대기에 있기 마련인데 이렇게 주택가 가까이에 있는 것으로 보아 산성은 아니겠다. 그러면 이것은 무엇일까?

읍성이지 않겠는가! 읍성[2]이란 전통사회에서 지방마다 중심지 역할을 하는 곳에 만들어진 성이다. 서울의 도성이 그렇듯이 여러 읍성은 산지와 평지를 걸쳐서 만들어졌다. 복천동 고분군이 있는 곳은 동래이니 사진에 보이는 읍성은 당연히 동래읍성이겠다. 사실 동래읍성이 있는 곳은 동래 지역의 중심지였고, 지금으로 보면 부산의 중심지였다.

성의 크기는 상당해 보인다. 사진으로만 보아도 성은 숲이 있는 곳으로 이어져 복천박물관 뒷산의 능선을 따라 올라가고, 반대편 능선을 따라 내려간다. 전체적으로 산의 능선을 따라 둥글게 만들어진 것으로 보인다. 그리고 평지 지역으로 계속 연결되었을 것이다. 사진에 보이는 대부분의 지역이 성안에 속하는 지역이 되겠다. 그러므로 복천동 고분군도 성안에 있는 셈이다.

2 　읍성(邑城)은 지방 군현의 군사, 행정 기능을 담당하는 곳이며, 적으로부터 주민을 보호할 목적으로 쌓은 수비 형태의 성이다. 그 속에는 대부분 동헌, 객사, 군청 등이 중심에 자리 잡고 있으며, 많은 민가들이 같이 어우러져 있었다. 따라서 읍성은 군사적, 행정적 건축물이라기보다 우리 조상들이 오랫동안 살았던 삶과 문화의 공간이었다. 관아도 있었지만, 민가도 있었으며, 학교나 시장도 있어 주민들이 함께 어우러진 공간이었다.

한때 부산의 중심지였던 동래읍성, 지금은 어떤 모습일까? 사진에 살짝 보이는 성벽은 어느 정도 이어져 있을까? 일부는 복원해 놓았다는 이야기가 있는데 어느 정도일까? 여러 가지가 궁금해진다. 성을 온전히 한 바퀴 돌아보고 싶어진다. 성의 크기가 만만찮은데 가능할까? 성을 따라가는 길은 있을까? 성터의 흔적이 없을 수도 있다. 온갖 복잡한 생각까지 오고 간다.

근데 동래읍성에 대한 한 안내문에는 이런 말이 있다.

동래읍성지 안내판

"동래읍성은 조선시대 세종 때 축조되었으며 임진왜란으로 함락되었다가 영조 때에 규모를 확장하여 수축하였다."

그렇다면 동래읍성은 두 번 만들어졌다는 말이다. 조선 전기인 세종 때와 조선 후기인 영조 때이다. 뭔가 생각할 게 좀 더 많아진다. 방금 사진에 보였던 것은 조선 전기 때의 것일까? 후기 때의 것일까? 두 개는 완전히 다른 것인가? 어쩌면 두 개는 똑같지 않을까? 어떻게 구분할 수 있을까?

일단 동래읍성에 대한 전반적인 지식이 필요할 것 같다. 조선 전기와 조선 후기의 동래읍성은 어떤 차이가 있는지 정확하게 아는 것이 먼저 필요하겠다. 그러고 나서 지금의 동래읍성 모습을 구체적으로 더듬어 나가야겠다.

임진왜란에 희생된 조선 전기의 동래읍성[3]

오른쪽 그림은 '동래부 순절도[4]'이다. 조선시대 화가였던 변박이 임진왜란 동래성 전투를 사실적으로 그린 그림이다. 자세히 보면 성 위에는 부사 송상현을 비롯하여 동래의 군, 관, 민이 모두 왜적을 향해 맞서고 있고, 왜적은 성을 2겹 3겹으로 둘러싸고 있다. 성에는 성가퀴가 온전히 갖춰져 있

동래부순절도 ⓒ 육군박물관

으며 성문은 4개이고, 성안에는 객사를 비롯한 대부분 관아 건물들로 채워져 있으며 민가도 어우러져 있는 것을 볼 수 있다. 성의 바깥 북쪽에 보이는 산이 마안산일 것이고 성안에 들어와 있는 산은 학소대일 것이다. 이 성이 세종 때 축조되었다는 조선

---

3   조선 전기 이전, 고려시대의 동래읍성은 현재 망미동 옛 국군통합부대 자리였던 것으로 알려져 있다. 고려말 왜구 대비책으로 읍성을 다시 쌓게 되면서 동래 지역으로 옮겨 오게 된다.

4   조선 후기의 화가 변박이 1760년에 그린 기록화. 비단 바탕에 수묵담채. 145㎝×96㎝. 보물 제392호. 육군박물관 소장. 임진왜란 때 동래성에서 왜군의 침략을 받아 싸우다 순절한 부사 송상현 이하 군민들의 항전 내용을 그린 그림이다.

전기 동래읍성[5]이다.

조선 전기의 동래읍성은 임진왜란 이후에 쌓은 조선 후기의 읍성보다 크기가 1/5에 지나지 않았다고 한다. 작지만 견고하였으며, 임진왜란을 당하여 동래의 주민들과 함께 군사적 방어 역할을 톡톡히 하였던 성이었다. 하지만 워낙 많은 군사력을 앞세운 왜군을 감당할 수 없었고 급기야 왜군의 손에 넘어갔다. 그 후 임진왜란을 거치면서 대부분 훼손되고 파괴되어 더는 성으로서의 구실을 할 수 없게 되었다.

지금 조선 전기 동래읍성의 흔적을 찾기는 매우 어렵다. 성이 있던 곳 대부분 시가지가 형성되어 버렸기 때문이다. 최근 몇몇 곳은 건물 기초공사를 하던 중 성터 흔적이 발굴되고 조사가 이뤄졌다고 하는데 가시적인 유적으로 등장하긴 어려운 것 같다. 다행스럽게도 도시철도 수안역 지하광장의 동래읍성임진왜란역사관에는 조선 전기 동래읍성의 모형도를 잘 만들어 전시해 두었다. 이를 보면 조선 전기 동래읍성의 모습을 잘 확인할 수 있다.

5 　조선 전기 동래읍성은 고려말 왜구의 방어책으로 전국에 내려진 성곽수축령에 따라 박위(朴葳)의 감독하에 축조되었던 것으로 보인다.(1387, 우왕 13,『동국여지승람』동래현 성곽) 세종 때에 편찬된 『경상도속찬지리지』 읍성조에 동래읍성은 '1446년(세종 28년)에 석축 둘레가 3,090척, 높이 15척'이라고 그 완성된 것을 설명하고 있다.

흔적만 남은 조선 후기의 동래읍성

임진왜란으로 훼손되고 파괴되었던 동래읍성은 이후 100여 년간 방치된 상태로 있었던 것으로 보인다. 1731년(영조 7년)이 되어서야 성을 재건축하게 되었는데, 조선 전기의 성보다 훨씬 규모가 큰 읍성을 쌓게 되었다. 이것이 지금의 안락동·칠산동·복천동·명륜동 지역에 걸쳐 그 흔적이 남아있는 조선 후기 동래읍성[6]이다.

조선 후기 동래읍성은 지금의 동래시장과 동헌을 중심으로 하는 평지지역과, 마안산, 망월산의 능선을 잇는 산지지역을 포함하는 평산성[7]의 형태였다. 조선 전기 동래읍성과 비교하여 조선 후기 동래읍성은 서문, 남문의 위치는 동일하지만, 북쪽과 동쪽으로 매우 확대된 모습이다.

조선 후기 동래읍성에 대해서는 '1872년 지방지도 동래부' 지도에서 매우 정확히 확인할 수 있다. 지도를 보면 마안산에서 성안으로 뻗어 내려오는 복천동 고분군의 능선이 뚜렷하게 그려져 있고, 그 남쪽으로 객사, 동헌 등의 관아가 그려져 있다. 성문은 6개이며 각 문마다 문루가 있고, 모두 옹성을 갖추고 있다.

---

6 조선 후기 동래읍성은 전체 둘레가 3.6km이고, 그중 시가지에 포함된 평지 읍성 지역은 약 1.5km이며, 산지에 걸쳐 있는 산지 읍성 지역은 2.1km이다. 현재 복원된 지역은 대부분 산지 읍성 지역이다. 부산광역시 기념물 제5호로 지정되어 있다.

7 평지성과 산성을 합한 모양이라고 해서 평산성이라고 한다.

1872년 지방지도 동래부 지도 ⓒ 서울대 규장각

성 위에는 포루가 무려 38개 설치되어 있으며, 또 다른 기록에 의하면 여장(女墻:성가퀴) 1,318개가 갖춰졌다[8]고 한다. 그러므로 6개의 성문에 문루, 옹성 그리고 포루, 성가퀴까지 갖춘 군사 방어시설로서 손색이 없는 모습을 하고 있다. 이러한 조선 후기 동래읍성은 북문 광장에 있는 동래읍성 역사관에 그 모형도를 잘 만들어 전시해 두고 있다.

이렇게 조선 후기 내내 동래 땅에 버텨왔던 동래읍성은 개항과 더불어 일제강점기와 근대화를 거치면서 대부분 훼손되어 버렸다. 읍성이 지방의 군사, 행정 기능의 중심지이며, 적으로부터 주민을 보호한다는 고유의 목적을 상실한 이유가 있었지만, 무엇보다도 일제가 조선 정부의 상징적인 장소를 제거한다는 이유가 더 컸다. 읍성은 일제에 의해 의도적으로 해체되어 나갔

---

8 『동래부지』, 성곽, 읍성, 1740(영조16).

다. 이는 동래읍성뿐 아니라 전국에 있던 읍성에 불어 닥친 현상이었다. 조선 정부가 없어지기도 전에 이미 강압적으로 성벽처리위원회를 조직하고 일본인이 그 책임을 맡아 조직적이고 계획적으로 읍성을 해체시킨 곳도 있었다.[9] 지역마다 그 현상은 다양했지만 새로운 시가지를 형성한다는 이유에서 대부분 도로와 주거지로 편성되어 갔다.

동래읍성의 훼손은 특별히 산지지역과 평지지역이 뚜렷이 구분되었다. 산지지역은 다행히 의도적인 해체 작업에서 벗어나 있었다. 이곳은 주민이 거주하지 않았기 때문에 시가지 확장이나 새로운 도로 설치와 상관이 없는 지역이어서 원래 읍성이 있던 상태로 남아 있을 수 있었다. 다만 더 이상 관리되거나 보수되는 일 없이 방치된 채 있었다. 있던 성돌이 한 개씩 사라지기도 하고, 성벽이 무너지기도 했지만 누구도 간여하는 일이 없었다. 자연 상태에서 무너지고 훼손되는 길로 나아갔다. 그렇지만 성터가 다른 용도로 바뀌지는 않았다. 성벽이 무너졌으면 무너진 채, 성돌이 사라졌으면 사라진 채, 읍성 터는 그대로 이어져 내려오고 있다.

하지만 평지지역의 동래읍성은 달랐다. 동헌, 객사, 군관청 등이 있던 중심지는 물론 성 밖, 성안할 것 없이 민가들이 어우러져 있었던 곳은 산업화와 도시화의 영향을 직접적으로 받으

---

9 1909년 대구, 전주 읍성이 대표적인 사례이다.

며 새로운 시가지로 변해갔다. 일제의 의도적인 읍성 해체 계획이 바로 적용되었다. 남문과 서문을 연결하는 읍성은 도로가 개설된다는 명목하에 성터가 완전히 없어지면서 도로로 변해 버렸다. 남문에서 동문에 이르는 지역의 많은 부분도 도로로 변하였다. 나머지 성터들은 시가지 형성에 도움이 되지 않는다는 명목하에 의도적으로 일반인에게 분양되어 버렸다. 성터를 따라 대부분 일정한 지번을 부여받고 개인 주택지역으로 변해 갔다. 그 결과 성의 흔적은 사라지고 도로와 주택이 가득 채워진 시가지만 보일 뿐이다.

동래읍성, 지금의 모습은?

사진은 동래읍성 산지지역에 읍성이 복원된 모습이다. 한때 무관심 속에 방치되면서 자연 상태에서 훼손되었던 곳이다. 잡풀과 함께 성돌 몇 개 정도만 남아 성벽의 형태는 전혀 볼 수 없는 상태로 되어 있었다. 지금은 그 성터를 따라 성벽을 복원하고 성벽 위로 다닐 수 있는 좋은 산책길을 만들어 놓았다. 일부의 옛 성돌은 새로운 성벽의 기초석이 된 곳도 있다. 대부분 새로운 돌로 깨끗하게 성벽이 만들어졌다. 읍성 터가 잘 남아 있었기에 원래의 위치에 그대로 만들어질 수 있었다. 조선 후기 동래읍성의 모습을 잘 연상할 수 있다.

동래읍성 산지지역

　산지지역 중에도 읍성이 복원되지 않은 곳이 더 길게 남아 있다. 성벽이 없는 상태에서 읍성 터를 따라 일반 등산로와 같은 길이 되어 있다. 그냥 보면 읍성 터인지 일반 등산로인지 구별하기가 쉽지 않다. 그래도 산지지역의 성터는 다른 용도로 변하지 않았기에 읍성 터를 잘 유지하고 있다. 앞으로 성벽을 복원한다면 잘 이뤄질 수 있을 것이라는 기대를 할 수 있다.

　이에 반해 동래읍성 평지지역은 많이 다르다. 의도적으로 해체되었기 때문에 읍성의 모습은 전혀 보이지 않는다. 흔적조차 찾기 어렵다. 읍성이 있었던 지역은 집, 도로로 변해 버렸고 주변이 시장, 상가 등 수많은 건물이 연 이어져 시가지가 형성되었기 때문에 어디가 읍성 지역인지 구분하는 것은 어렵게 되어 버렸다. 원래 동래의 중심 지역이었던 이곳은 주변지역보다 일찍 시가지로 발전해 나갔고 따라서 다른 어떤 곳보다 더욱 밀집된 주거공간, 상업공간을 이루고 있다. 이곳에 읍성이 있었다는 것조차 상상할 수 없게 되어 있다.

이런 동래읍성을 이제 직접 가고자 한다. 산지지역은 매우 즐거울 것 같다. 특히 성벽이 복원된 지역은 얼른 가보고 싶다. 사진으로만 보아도 자연과 어울린 성벽의 운치 있는 모습은 정말 매력적이다. 성을 쌓고 살아왔던 옛사람들의 삶의 일부를 느낄 수 있을 것 같다. 복원된 성벽이 있는 곳도 좋겠지만 이참에 복원되지 않은 길까지 연결하여 동래읍성 산지길 전체를 둘러보는 것이 좋겠다. 성벽이 복원되지 않은 길은 당연히 쉽게 갈 수 있는 길이 아니겠다. 하지만 성터를 따라간다는 마음으로 길을 간다면 재미있는 길 찾기 여행이 될 수 있을 것 같다.

평지지역 동래읍성은 이미 시가지로 뒤덮어 버려 그 흔적을 추적할 수 있을지 의심이 간다. 읍성과 관련된 어떤 사실을 볼 수 있을 것이라는 확신이 들지 않는다. 지금 모습을 확인한다는 심정으로 다가가야겠다. 한 가지 분명한 것은 평지지역에선 골목길을 주목해야 한다. 골목길은 읍성이 있었을 당시부터 지금까지 그 모습을 유지하고 있기 때문이다. 성문을 경계로 성안길, 성밖길이라고 불리며 거미줄 같이 엮여 있었던 길이다. 시가지가 발달하면서 지번을 가진 집터는 많은 변화를 겪어 왔지만, 이 길은 여전히 길로 남아있다. 이 골목길을 따라간다면 분명 미로를 찾아 숨바꼭질하는 일이 될 것 같다. 어쩌면 길을 잃고 헤맬 지도 모른다. 어떤 멋지고 아름다운 길을 걷겠다는 마음은 접어 두어야 할 것이다. 지도를 보며 하나하나 짚어가지 않으면 어려울 것 같다.

동래읍성 산지지역과 평지지역은 뚜렷이 구별된다. 두 지역을 따로 가야 하겠다.

2

최고의 산책길,
동래읍성 산지지역

동래읍성 산지지역에는 한나절 걷기에 안성맞춤인 산책길이 만들어져 있다. 그리 험한 것도 없고 높지도 않은 마안산길이다. 무엇보다 복원해 놓은 읍성이 핵심이다. 그래서 단순히 산길을 가는 것이 아니라 옛 정취를 마음에 담고 옛사람들의 생각을 읽어가며 걸을 수 있다. 혼자 걸어도 결코 심심하지 않다. 평소 마을 주민들의 산책길이기도 하지만, 동래읍성이라는 유적지를 보러 좀 먼 곳에서도 찾아오는 관광길이기도 하다. 동래읍성 산지지역은 자연과 인공이 어우러진 부산에서 가장 운치 있는 곳일 것이다.

© 네이버 지도

① 아파트 정원 →100m 도보 3분 → ② 치성터 →50m 도보 3분 → ③ 성가퀴와 읍성

길 →동래읍성 터 따라 걷기 1km 도보 30분 → ④ 북문 →200m 도보 15분 → ⑤ 북장대

→100m 도보 5분 → ⑥ 체육공원 →200m 도보 10분 → ⑦ 인생문 →200m 도보 10분 →

⑧ 노출된 성들 →20m 도보 1분 → ⑨ 동장대 →150m 도보 7분 → ⑩ 집터 아래 성돌

아파트 정원에 남겨 놓은 읍성의 흔적

아파트 정원에 읍성의 흔적이 있다니 무슨 말일까?

명륜 아이파크 115동, 116동 앞 아파트 정원. 이곳에 어떻게 읍성의 흔적이 있을 수 있지? 의심 가득한 마음으로 둘러보지만 눈에 잘 들어오지 않는다. 반듯하게 잘 정리된 정원, 소나무, 잔디, 포장도로 등 읍성의 흔적은 잘 보이지 않는다.

아파트 정원의 읍성 흔적

그런데 멀리 산지 쪽을 보니 아파트 정원 언덕 위에 성가퀴가 만들어진 것이 있다. 저것인가 하고 가까이 가려는데 잔디가 깔린 바닥에 하얀색 돌로 된 길이 길게 나 있는 것이 보인다. 길이 성가퀴 쪽으로 연결되어 있다. 멀리 마안산으로 연결되는 읍성이 바로 이 길과 연결된다는 것을 눈짐작으로 알 수 있다. 길을 따라 반대편을 바라보면 아파트 담벼락에 막혀 있고, 담벼락 너머는 도로와 시가지가 있어 더 이상 연결성을 볼 수 없지만 읍성은 연결되어 있었을 것이다.

그렇다. 이 길은 바로 읍성이 있었던 자리를 표시해 놓은 것이다. 아파트를 건축할 당시 이곳이 읍성이 있었던 곳임을 알리고 문화재 관리 차원에서 아파트 공사와 함께 읍성의 자리를 길로 표시할 수 있도록 해 둔 것이다. 아파트 정원이지만 깔끔하게 의도적으로 만들어 놓은 모습이 참 좋아 보인다. 하찮은 일 같지만 신경을 써서 해 놓았다는 생각에 박수를 보내게 된다. 그래! 여기가 산지지역 동래읍성의 시작이다.

이 길 바로 옆에 안내판도 만들어 놓았다. 안내판 글은 동래읍성을 소개하는 일반적인 글로 채워져 있다. 아쉽게도 '바닥에 만들어진 길이 읍성의 흔적이다'라는 설명은 보이지 않는다. 이왕에 만든 안내판 글 끝에 조금만 더 추가하여 설명해 두었더라면 하는 아쉬움이 절로 생겨난다. 사실 읍성의 흔적을 보기 위해선 아파트 정원 입구에 설치된 주민 출입구를 들어가야 하는 번거로움도 있다. 아파트 주민이 아니면 아무나 접근할 수 있는 구조가 아니다. 어렵게 들어와 안내판까지 보았다 할지라도 바닥에 밟고 있는 읍성의 흔적을 깨닫지 못하고 지나칠 것 같아 아쉽다. 그래도 일면 읍성을 잘 정리하고 관리하고 있다는 점에서 좋아 보인다. 약간의 아쉬운 부분은 다음에 충분히 보완할 수 있다는 생각에 기분 좋게 다음 길을 재촉해 본다.

치성(雉城)이란 무엇일까?

아파트를 나와 언덕으로 난 길을 따라 올라간다. 언덕길을 들어서니 저만치에 복원된 성벽이 보인다. 얼른 가고 싶은 마음에 발걸음을 재촉하게 된다. 복원된 성벽에 이르기 전에 길의 왼쪽에 또 하나의 안내판이 불쑥 나타난다. 성벽은 보이지 않는데 '이건 또 뭐지?' 안내판의 제목은 치성(雉城)[1]이라고 되어 있다. 치성이라면 성의 방어를 위한 성에 딸린 시설물이지 않은가! 치성에 대한 일반적인 설명이 되어 있는데, 그런데 치성이 어디에 있단 말인가? 아무리 둘러봐도 찾을 수가 없다. 이상하다. 안내판을 잘못 세운 것인가 하고 의심하기까지 하면서 이리저리 돌아보지만 아무것도 찾을 수가 없다.

순간, 복원된 성벽에서 지금 서 있는 곳까지 길바닥에 돌로 된 선이 보인다. 성벽의 폭과 비슷한 만큼의 폭을 가진 두 직선이 복원된 성벽에서부터 서 있는 곳까지 연결되어 있다. 그 선은 언덕 아래로 아파트 정원 앞에 읍성길로 이어지고 있다. 야아! 이거 성벽이 있었던 위치를 표현해 놓은 것이구나! 이거 정말 잘 표현해 놓았다.

선을 따라 이리저리 눈을 그리며 읍성이 있었을 것을 가늠해 보는데, 서 있는 곳에는 직선 옆에 붙은 사각형의 도형 같은 것도 있다.

'이건 또 뭐지?' 조금 더 생각해 보니, '아하! 이거다!' 싶다. 사각형의 도형은 성벽에서 튀어나온 치성을 표현해 놓은 것이다.

1　치성이란 우리나라 읍성(邑城)에 딸린 구조물로, 성벽의 바깥으로 덧붙여서 쌓은 것이다. 적이 성벽에 접근하는 것을 관측하고 가까이 오는 것을 막을 수 있도록 한 시설이다. 성벽에 붙어 공격하는 적을 측면에서 공격하기 쉽게 만들어졌다.

안내판은 잘못 설치된 것이 아니다. 이곳에 옛 치성이 있었음을 알리고자 하는 안내판이다. 바닥에 읍성의 흔적과 치성의 흔적을 표시하고 이를 알게 하기 위해 의도적으로 안내판을 설치한 것이다. 참 재미있다. 홍미를 끌기에 충분하다. 치성터 위에

치성터 표시 모습

서서 성이 만들어진 모습을 상상해 본다. 좌우로 성이 이어져 온 것이 느껴진다. 그리고 치성에서 성벽 바깥쪽을 향해 적의 공격을 제어할 수 있는 시늉을 해볼 수도 있다. 별것 아닌 것 같지만 이를 설치하기 위해 나름대로 고민과 수고가 많았을 것이라는 생각을 하니 마음이 따뜻해진다.

다만 여기서도 안내판에 '이곳이 치성이 있던 곳이다. 길바닥의 사각형이 치성의 흔적을 나타낸다.'라는 글귀는 없다. 아쉬운 부분이다. 어지간히 관심 있는 사람이 아니고는 의문만 가지고 지나칠 것 같다. 하지만 여기서도 읍성의 흔적을 유지하려는 진한 노력을 볼 수 있다는 점에서 매우 즐거운 마음이다. 분명 이런 수고와 노력이 쌓이면 옛 삶의 흔적이 더 아름다운 삶의 터전이 되어 우리 가까이 있게 될 것이다.

성가퀴를 따라 걷는 읍성길

바닥에 있는 치성의 흔적을 이해하고 난 후 곧바로 읍성을 복원해 둔 곳으로 몸과 마음을 옮겨 간다. 쌓인 성의 모습을 보며 성의 등성이를 올라 성 위에 만들어진 길에 올라서는 순간 성벽은 바짝 가까이 다가와 있다. 이 길은 전형적인 군사 시설로 만들어진 길이다. 옛날 보초들이 움직이던 길이다. 성벽 위의 길을 따라 성가퀴[2]가 만들어져 있다. 너무나 예쁘게 단장을 하고 있다.

성가퀴를 따라가는 읍성길

산언덕을 따라 만들어진 성벽 그리고 성가퀴, 잘 가꿔진 잔디 등이 한데 어울려 한 걸음 한 걸음 걸을 때마다 옛 정취가 느껴진다. 여유로운 마음이 저절로 생긴다. 그리고 이어지는 산 굽이굽이는 조용하면서도 평화롭기 그지없다. 분명 성벽과 성가퀴는 피비린내 나는 전투의 공간이건

2　성가퀴는 성벽 위에 설치하는 낮은 담장으로 적으로부터 몸을 보호하고 적을 효과적으로 공격할 수 있는 구조물이다. 여장(女墻) 또는 여첩(女堞), 타(垜)라고도 부르는데 석성에는 대부분 성가퀴가 있다. 성가퀴와 성가퀴 사이 끊어진 틈을 타구(垜口)라고 하며, 타구로 끊어진 성가퀴의 한 구간을 첩(堞) 또는 타(垜)라고 한다. 첩이나 타의 개수는 성벽의 길이를 가늠하는 기준이 되기도 한다. 타에는 총을 쏠 수 있는 구멍이 뚫어져 있는데 이를 총안(銃眼)이라고 한다. 총안은 수평으로 뚫려있는 것과 경사로 뚫려있는 것이 있는데 이를 각각 원총안(遠銃眼)과 근총안(近銃眼)이라고 부른다.

만 지금 바라보는 성벽과 성가퀴는 전쟁과 전투를 전혀 연상할
수 없다. 산등성이 위에 얹힌 하나의 아름다운 장식물이다. 이
장식물이 자연과 만나 운치 있는 공간을 연출하고 있다. 최상의
설치 미술이다. 그래서 성벽과 성가퀴는 자기 자리에 있는 그 자
체로서도 자신의 진가를 다 보여주고 있다. 그리고도 또 뭔가를
말하는 것 같다. 옛날에는 어떠어떠했다고, 비록 전쟁을 위해 만
들어진 것이지만 전쟁이 없는 시절은 그때도 이토록 아름답고
평화로운 모습을 하고 있었다고.

　　동래읍성 산지길은 혼자 걸어도 결코 외롭지 않다. 뭔가를
말해주는 것들이 가까이 서 불쑥불쑥 나타나기 때문이다. 통행
문도 만들어 놓았고 서장대란 놈도 있다. 잘 복원된 치성도 여러
군데에서 확인할 수 있다. 치성은 거의 성벽을 또 다르게 꾸며
놓은 작품에 가깝다. 서장대에 올라 쉬어 가다가, 치성에 올라서
는 성벽을 공격하는 적군을 측면에서 반격하는 시늉도 해 본다.
단순히 걸어만 가도 좋은 길인데 요모조모 재미를 더해 주는 것
들이 있어 더욱더 귀하게 여겨진다.

통행문　　　　　　　　서장대　　　　　　치성

성벽 주변의 나무도 잘 관리하고 바닥의 잔디 정리도 잘해 놓았다. 도심 한가운데 있는 산에서 이렇게 편안함과 아름다움을 더해 주는 곳이 또 있을까? 산책길이라는 면에서는 이보다 더 좋을 수 없다. 이런 모습의 길이 좀 더 길게 오래 끝없이 이어졌으면 좋겠다. 부산에서 아름다운 산길로선 빼놓을 수 없겠다.

계속해서 길은 북문으로 이어진다. 산등성이를 넘자마자 멀리 북문이 눈에 들어오면서 주변으로 넓게 펼쳐진 잔디밭으로 된 북문 광장이 펼쳐진다. 가슴이 시원하게 느껴질 정도로 탁 트인 공간이다. 성벽과 성가퀴를 따라 펼쳐진 북문 광장을 걸어가는 것은 새삼 세상을 다 얻은 마음이다. 또 어디에서 이렇게 조화로운 광경을 맛볼 수 있을까?

북문 광장 주변

북문에서 옹성(甕城)을 확인하다

　북문에 도착하여 문루 위에 서 본다. 앞을 보니 멀리 숲 사이로 금정산이 보이고, 뒤를 보니 성안 마을의 건물 사이사이로 배산, 황령산이 보인다. 이 문루에 서서 수많은 장군이 병사들을 호령하였을 것이다. 광장에 줄 선 병사들을 향해 큰 칼 옆에 차고 호령하는 모습이 상상이 간다. 그렇게 그 시절을 보내었을 것이다.

　그런데 성문 앞을 가만히 보니 성문을 감싸고 있는 반원형의 성이 딸린 것이 보인다. 왜 이렇게 만들어 놓았지? 호기심에 반원형의 성 위로 가보지 않을 수 없다. 끝에 서니 성문 바깥쪽으로 성을 둘러싼 것

동래읍성 북문의 옹성

처럼 보인다. 그리고 성문을 빠져나간 바깥 길이 언덕 아래로 내리닫는 것을 잘 볼 수 있다. 가만히 생각해 보니 '성문을 보호하는 또 하나의 성이다'는 생각이 든다. 성문이 쉽게 무너지지 않도록 하기 위해 2중의 성을 쌓은 것이다. 그래, 옹성(甕城)[3]이다. 기록에 의하면 동래읍성은 모두 6개의 성문이 있었고, 성문마다

3　일반적으로 성문 앞에 설치되는 시설물로 모양이 마치 항아리와 같다고 하여 옹성(甕城)이라고 했다. 옹성은 성문을 보호하는 역할이 첫째지만, 옹성 위에서는 성문을 공격해 오는 적을 옆쪽과 뒤쪽에서 공격할 수 있어 적극적인 방어 구조물이다. 적이 아무리 많아도 옹성 안에 들어올 수 있는 인원이 제한되어 있기 때문에 아군 쪽

모두 옹성을 가지고 있었다. 남문은 사각형이었지만, 북문을 포함한 5개의 성문은 모두 반원형의 옹성이었다. 이를 반영하여 잘 복원해 둔 셈이다. 옹성이 있으니 성문이 한껏 든든해 보인다.

성을 쌓는 것은 쉬운 일이 아니었을 것이다. 마을 주민들끼리 쌓기도 어려웠다. 동래읍성을 쌓을 때는 경상도 각지에서 부역을 불러들여 쌓았다고 한다.[4] 그래서 계획적이고 규모 있게 쌓았고 필요한 군사시설을 의도적으로 만들어 넣었다. 성벽에 치성, 옹성, 성가퀴 등등. 힘들고 어려운 것이라도 해야 할 것은 하고 가는 것이 지혜다. 그런 지혜를 십분 발휘한 선조들의 모습을 이곳에서 확인하게 된다.

북문에 오니 주변에 많은 시설물이 눈에 보인다. 장영실과 학동산, 동래읍성역사관[5], 그리고 내주축성비[6]까지 이곳에 가져다 놓았다. 이런 시설물은 읍성에 딸린 장식품처럼 읍성과 어우

에서 공격하기가 쉽다. 성문 보호를 위해 필수적인 시설이다. 옹성의 형태는 원형이 가장 많고 이외에도 방형, 삼각형, 'ㄱ'자형, 엇갈림형 등으로 다양하다. 옹성에는 따로 문을 두기도 한다.

4 내주축성비 [萊州築城碑]에 의하면, 신해년(辛亥年:1731) 1월에 성터를 측량하기 시작하여 4월에 성벽을, 5월에 성문을, 7월에는 문루(門樓)를 완성하였는데, 경상도 64개군에서 5만 2,000여 명의 장정을 동원하였으며, 쌀 4,500여 섬과 베 1,550 필, 1만 3,400여 냥어치의 재물이 소모되었다고 하고 있다.

5 동래읍성역사관에는 조선 후기의 동래읍성의 모형을 잘 전시해 놓았다. 동래읍성 산지길을 가는 마당에는 읍성 모형을 통해 읍성의 모습을 꼭 확인하고 갈 필요가 있다.

6 조선 영조 7년(1731) 동래부사(東萊府使) 정언섭(鄭彦燮)이 임진왜란 때 폐허가 된 동래읍성을 대대적으로 수축한 사실을 칭송하고 이를 기념하기 위하여 세운 것이다. 영조 11년(1735)에 당시 부사 최명상(崔命相)이 축성에 동원된 인원과 비용 등을 기록하여 건립하였다.

러져 좋은 분위기를 연출하고 있다.

북장대에서 보는 동래의 풍수

멀리서 본 마안산 모습

마안산(馬鞍山), 산의 모양이 말안장을 닮았다고 해서 붙여진 이름이다. 멀리서 보면 말안장과 같이 두 부분의 봉우리가 솟아오른 모습을 하고 있다. 북문에서 북장대를 오르는 곳이 말안장의 앞부분에 해당하는 곳으로 제일 경사진 곳이다. 동래읍성 산지지역의 읍성길을 가는데 가장 힘든 부분이다. 경사진 곳을 힘을 내어 오르는데 갑자기 성벽과 성가퀴가 안 보인다. 읍성 복원은 여기까지 이루어진 셈이다. 옆에 따라가던 친구가 사라진 느낌이다. 왠지 허전하기 짝이 없다. 갑자기 어깨에 힘이 빠지고 잘 가던 걸음이 더 힘들게 느껴진다. 읍성은 끊어졌지만 길은

북장대에서 본 시가지 모습

계속 이어진다. 경사지에 계단식 데크가 놓여 등산을 도와주고 있다. 그리 길지 않은 구간임에도 불구하고 몇 번이나 숨 고르기를 했는지 모르겠다.

경사진 산등성이에 올라서면 마안산 꼭대기, 그곳에 북장대를 세워 놓았다. 사방이 훤히 눈에 들어온다. 특히 남쪽으로 펼쳐지는 동래 지역이 손에 잡힐 듯 바로 눈앞에 다가온다. 가까이 복천 야외박물관이 있고, 학소대, 동래시장, 동헌 등이 건물들 사이사이 숨바꼭질하듯 숨겨져 있는 것을 확인할 수 있다. 최근에 우후죽순처럼 들어선 아파트 건물들은 서로 높이를 자랑하듯 치솟아 있다. 빼곡히 들어선 아파트 단지들의 위용이 산의 형세를 가릴 정도이다. 그래도 정면으로 배산, 황령산이 서 있고, 좌측으로 멀리 장산이 보인다. 우측으로 금정산 줄기는 만덕을 지나 쇠미산, 백양산으로 이어지는 것을 또렷이 볼 수 있다. 멀리 해운대 마린시티도 보이고, 화지산, 엄광산까지 보인다. 이쯤이면 부산 전체를 품은 듯하다. 정말 북장대가 있을 만한 전망하기 좋은 곳이다.

이곳에 서니 동래의 풍수도 한눈에 들어온다. 먼저 북장대가 서 있는 마안산이 주산[7]이다. 북장대에서 지금까지 올라온 북문, 서장대, 아파트 정원으로 이어지는 산등성이가 우백호이고,

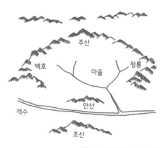

풍수지리에서 본 명당

반대편의 산등성이를 따라 인생문, 망월산 동장대로 이어지는 것이 좌청룡이다. 좌청룡과 우백호의 산이 뻗어 반원을 그리듯이 왼쪽으로 왼팔을, 오른쪽으로 오른팔을 뻗어 팔도 반원을 그려보면, 가운데 뭔가를 안을 듯한 모습이 그려진다. 그렇게 동래읍성은 청룡과 백호에 안겨있는 것이다. 그 안는 주체가 학이라고 한다. 그래서 동래의 풍수 형국은 선학귀소형(鮮鶴歸巢形)이

---

7 주산(主山)인 마안산 앞에는 안산(案山)인 농주산(현재의 동래경찰서 자리에 있던 작은 구릉지로 일제 강점기에 개발로 흔적도 없이 사라졌다)이 있었고, 종산(宗山)인 윤산과 금정산의 조산(朝山)이라고 할 수 있는 배산과 황령산이 그 남쪽에 자리 잡고 있다.

다. 맑고 깨끗한 학이 보금자리로 돌아오는 곳이라는 의미이다.

이러한 동래의 풍수 형상을 설명하는데, 학이 동래 동헌이 있는 곳에서 주산이 있는 마안산을 향하여 날아오르는 형상을 하고 있다고 하기도 하고, 때로는 학이 마안산을 머리로 해서 동래 동헌 쪽으로 날개를 펼치며 내려앉는 형상을 하고 있다고도 한다. 그런 풍수 때문인지 동래 동헌 가까이에는 오래전부터 학이 많이 노닐었다는 학소대(鶴巢臺)가 지금까지 남아 있으며, 동래를 대표하는 무형문화재인 동래 학춤이 일찍부터 전해 내려오고 있다. 학은 동래 사람들의 삶의 상징이라고 할 수 있다. 겨울이 되면 요즘도 가까운 온천천에서 학을 종종 발견할 수 있는 것은 결코 우연이 아닐 것이다.

제자리를 잃은 체육공원

북장대를 나서니 이제는 내리막길이다. 한결 수월하게 걸어가게 된다. 하지만 성벽과 성가퀴는 더 이상 보이질 않는다. 성길을 가지만 옛 성의 흔적을 따라가야 할 뿐이다. 복원의 이야기가 나온 지는 오래되었지만 여전히 진행은 쉽지가 않은 모양이다.

데크 계단을 따라 북장대를 내려오면 마안산 체육공원을 만난다. 많은 사람들이 애용하는 여러 체육 시설물도 있고 배드민턴장도 만들어져 있다. 심지어 3·1운동 기념탑도 세워져 있다.

몇몇 사람들이 운동하는 모습도 보인다. 하지만 이런 여러 시설물은 아무리 좋아도 제자리가 아닌 것 같다. 물건은 있어야 할 곳에 제대로 가져다 놓아야 제격이지 않은가! 이곳은 읍성이 쌓여 있어야 할 곳이다.

이런 시각으로 바라보니 온갖 체육 시설물로 뒤섞인 모습이 어지럽기 짝이 없다. 또 자세히 둘러보니 옛 성벽의 흔적을 따라 구석구석에 성돌이 한 개씩 박혀 있는 것이 보이지만 무관심 속에 버려진 듯 보인다. 언제까지 저렇게 있을까 하는 염려가 애처롭게 휘감긴다.

구석구석 흩어져 있는 성돌

체육공원을 내려와 인생문 쪽으로 향한다. 이곳은 흙으로 덮인 여느 산길과 마찬가지다. 주변에는 소나무 숲으로 가득 채워져 있고 발아래로 흙이 돋워진 것 같은 흔적만 성터임을 알겠다. 관심 있게 보는 사람이 아니고는 이곳이 성터였다고 할 만한 사람도 없겠지만, 돌로 만들어졌던 성이 다 무너지고 없어져서 지금은 흙더미만 남은 형편을 이해할 만한 사람도 없을 것이다. 그 돌들이 어디로 갔을까? 어찌하여 하나도 없이 사라져 버렸을까? 분명한 것은 대부분 사람들의 삶의 필요 때문에 옮겨져 버렸을 것이다. 때로는 밭을 만들면서 돌을 빼다 버렸고, 집을 지으며 담벼락으로 사용되기도 했을 것이다. 어쩌면 모두 주민들의 삶을 위해 희생되어 갔을 것이다.

성돌에 새겨진 글

동래읍성 성돌 중에는 글이 기록된 성돌이 하나 있다. 동래읍성에서 유일하게 남은 것인데, 체육공원에서 인생문으로 향해 바로 내려오는 급경사 지점에 감춰진 듯 돌이 박혀 있다. 동래읍성을 쌓고서 남겨 놓은 글귀여서 학계에서도 주목하는 돌[8]이다. 다른 많은 성돌이 다 없어지고 사라졌는데, 이 돌이 이곳에 남아 있다는 것이 신기하다. 글귀가 있다는 것에 주목하여 주민들이 건드리지 않은 것일까? 어떤 의미가 있을 줄 알고 남겨둔 것일까? 그렇지 않고서야 어떻게 이 돌만 남아 있을까? 글 내용은 차치하고 그 돌이 남아 성터를 확인해 주고 있다는 사실이 더욱 신기하게 여겨진다.

흙길이 되어버린 성길을 따라 인생문으로 내려간다. 숲속의 길을 헤치듯 내려오니 새로 복원해 놓은 인생문이 살짝살짝 보인다. 소나무 숲 사이사이로 어렴풋하던 것이 점점 드러나는 모

---

8 공사실명제처럼 성을 쌓은 이들의 이름과 신분, 출신을 새겨 놓았다.

습은 무슨 예쁜 조각품을 만나는 것 같다. 기대 반 설렘 반으로 인생문에 가까이 간다.

인생문에서

인생문[9]이란 인간의 삶, 인생(人生)을 생각하게 해주는 문이라는 뜻이다. 이곳 인생문 길은 성안에서 사람이 죽으면 시신을 내어갔던 길이라고 한다. 실제로 인생문밖 명장동 쪽은 공동묘지 지역이었단다. 그러니 결코 그냥 붙여진 이름이 아닌 것만은 분명하다. 누구나 죽음 앞에서 인생무상을 생각하고 삶의 허무를 생각했을 것이다. 겸손해져야만 하는 삶의 교훈을 새길 수 있었을 것이다. 그러니 인생문은 동래 사람들에게 인간의 삶이 무엇인지 생각하게 해 주는 철학을 담은 문이 되었다. 늘 그런 삶을 다져왔을 동래 사람들의 마음을 엿볼 수 있는 것 같아 다른 어떤 문의 이름보다 살갑게 와 닿는다.

---

9 한국향토문화전자대전에는 인생문 고개의 명칭 유래에 대해 다음 이야기를 전한다. 첫째로는 임진왜란 당시 인생문 고개를 통해 피난한 사람들이 목숨을 건졌다 하여 사람을 살려낸 고갯길이라는 의미로 이런 이름이 붙었다고 한다. 다음으로는 임진왜란 당시 동래성에서 죽은 자들의 무덤을 성내에 둘 수 없어 성 밖에 있던 묘지[현재의 명장동 일대]로 옮기는 유일한 통로라 하여 '인생무상(人生無常)'이란 말에서 나온 지명으로도 전한다.
그러나 이 내용 중 인생문을 임진왜란과 관련하여 설명하는 것은 오류일 가능성이 높다. 인생문은 조선 후기 동래읍성의 문이므로 임진왜란과 상관이 없는 문이기 때문이다. 임진왜란 때 왜적을 맞서 싸운 성은 조선 전기의 동래읍성이었고 그 성에는 인생문이 없었다.

인생문은 옹성으로 둘러싸여 있고, 양쪽으로 자동차 통행로가 2개 만들어져 있다.

성길은 인생문 문루 위로 바로 연결되도록 해 놓았다. 인생문은 문루와 함께 옹성이 만들어져 있고 성벽의 일부도 이어놓았다. 문루에 서 보니 성안 쪽은 건물에 가리었고, 성 밖 쪽은 명장동, 서동이 펼쳐진다. 문루에서 내려와 성벽 앞에서 인생문을 바라다본다. 인생문의 위치는 조금 수정되었다. 성 밖에서 보아 왼쪽 차량 통행로가 있는 곳이 원래 인생문의 위치다. 차량의 통행을 위해 어쩔 수 없이 옆으로 이동하여 놓았다. 나름 고민하여 위치를 잡은 것으로 여겨진다. 차량통행을 위해 옆에 딸린 성벽에 구멍을 두 개나 만들어 놓았다. 인생문과 함께 성문이 3개가 되는 것 같다. 왠지 아직은 어색하고 생뚱맞은 조각품이 서 있는 모습이다. 아마 주변에 성벽이 이어지지 않는 상태에서 성문과 옹성만 복원해 놓은 까닭일 것이다. 성문에 딸린 성벽은 자동차 통행로로 인해 구멍이 뚫려 있어 성벽으로서의 구실을 하는 느낌이 나지 않는다. 속히 성벽이 이어져서 인생문과 성벽이 격에

맞게 어울리는 모습이 드러나길 기대할 수밖에 없다.

인생문을 지나 다시 언덕을 오른다. 이곳은 성터를 따라 산책길을 잘 만들어 두었다. 학교 담벼락을 따라 걷게 된다. 학교 담벼락이 곧 읍성이 있었던 자리다. 주변은 이전에 주택지였던 곳이다. 주택은 없어지고 주택터와 축대 흔적만 남아 있다. 지금은 공터가 되어 걷기 좋은 산책길이 되어 있다. 산책길을 따라 성벽이 쌓이면 읍성으로 복원될 수 있는 여건이 잘 갖춰질 듯이 보인다. 이곳에 서서 인생문과 연결된 성벽의 모습을 상상해 본다. 학교 담장이 성벽과 성가퀴로 대신해 놓은 것을 상상해 본다. 그렇게 만들어진 것을 상상하기만 해도 기분이 좋아진다.

노출된 성돌을 바라보며

다시 약간의 언덕을 오른다. 산책용 데크가 잘 만들어진 곳을 지나니 다시 숲이 나타난다. 숲속을 들어서는 순간 돌들이 일렬로 놓여있는 게 보인다.

'아니, 이게 뭐지?'

'돌이 나란히 놓여 있는 게 신기하다' 싶은데, 더 생각하기도 전에 '와~~ 이거다!'라는 말이 튀어나온다.

이것은 옛 읍성의 기초석이다. 더 따져 볼 것도 없이 읍성 흔적 그대로임을 알겠다.

성돌이 노출된 채 남아 있는 곳

'야! 이곳에 이렇게 드러나 있구나!' 북장대를 지나고부터 읍성길의 흔적을 따라오면서 흩어져 버린 흔적에 대해 아쉬움을 내내 안고 있었는데 이곳에서 또렷이 드러난 모습을 보면서 큰 보물을 발견한 듯 놀라움이 튀어나온다.

정말로 옛 성돌이 그대로 노출된 채 이어져 있다. 이 모습을 보고 도저히 그냥 지나갈 수 없다. 이리저리 왔다 갔다 하며 한참을 서서 쳐다본다. 돌이 놓인 것을 두고 옛 성벽이 놓인 것을 가늠해 본다. 일렬로 노출된 돌은 거리가 어림잡아 100m 가까이 되는 것 같다. 이 길로 다니는 사람들은 아는지 모르는지 그냥 지나간다. 하지만 이 돌이 읍성돌이란 사실을 알면 그냥 지나가기 어렵다. 눈길에 눈길을 더 주면서 쳐다보게 된다. 이 돌들 위에 그저 돌을 더 쌓아 올리면 성벽이 되겠구나! 그 위에 돌이

엎어져 성벽을 이루면 정말 좋겠다 싶다. 당연히 그렇게 이뤄져야 할 것 같다.

하지만 지금은 방치되어 있다. 안타까움이 마음속 바닥에서부터 일어 오른다. 어떻게 생각하니 이것은 방치를 넘어 돌을 죽여 놓은 것과 같다고 여겨진다. 이 돌들이 이곳에 있는 것은 분명 뚜렷한 이유가 있었다. 그냥 자연 상태의 돌이 아니었다. 그역할이 있었고, 그 역할을 감당하도록 하기 위해 이곳에 가져다 놓았었다. 지금은 그 역할을 전혀 하지 못하게 되어 버렸다. 돌이 죽은 것이다. 그렇다면 당연히 돌을 살려야 하지 않겠는가! 자기의 역할이 주어져야 하지 않겠는가! 이 자리에 성벽을 복원하여 옛 모습과 같이 성돌로서 역할을 감당하게 하는 것보다 더좋은 것이 무엇이 있겠는가! 그것이 죽은 돌에게 새 생명을 부여하는 일이지 않겠는가!

일렬로 놓인 돌 모습을 이리저리 쳐다보고 있으니 나란히 있는 게 그냥 있는 게 아니라고 말하는 듯하다. '우리를 좀 봐 달라'고, '우리가 이렇게 내버려져야 할 존재가 아니다'고, '우리의 모습을 되찾고 싶다'고. 행여나 자신에게 새 생명이 부여되기를 바라는 마음으로 간절히 외치고 있는 것 같다.

바로 옆에는 대규모 아파트 단지가 우뚝 서 있다. 수십 층의 콘크리트 건물을 몇 개월이면 뚝딱뚝딱 지어 올리는 것이 요즈음의 건축기술이다. 이곳 옛 성돌 위에 성벽을 복원하는 데는 불과 얼마 걸리지 않을 것이다. 하지만 그렇게 되는 데는 아직도 성숙되어야 할 시간이 더 필요한가 보다. 얼마나 더 인내하고 기다려야 할까? 돌아서 다음 길을 가려는데 돌아서는 뒤꼭지를 향해 돌이 외치는 것 같다.

'살려 주세요……'

동장대는 읍성길과 연결되어야 한다

뭔가 해결하지 못한 모습, 뒤꼭지가 댕기는 느낌을 갖고 다시 길을 간다.

기초석이 노출된 곳이 채 끝나기도 전에 이번엔 철망이 가로막는다. 철망 안으로는 복원된 성벽이 놓여 있는 것이 빤히 보이는데 길을 갈 수가 없다. 또 그 옆에는 동장대도 바로 보인다. 철망문이 있는데 자물쇠로 굳게 잠겨 있다. 왜 이럴까? 왜 읍성길을 갈 수 없도록 막아 놓았을까?

의문을 가진 채 동장대를 둘러싸고 있는 철망을 따라 돌아간다. 망월산 꼭대기에 있는 동장대를 중심으로 시계 반대 방향으로 둥글게 반 바퀴를 돌아서 반대편에 이르러서야 다시 성길을 이어 갈 수 있다. 돌아가니 복원해 놓은 성벽이 이곳으로 이어지고 있다. 성벽을 따라 아래로 내려가며 계속 철망이 세워져 있다. 성가퀴는 없어도 성벽을 튼튼하게 복원해 놓았는데 이곳의 동래읍성은 왜 이럴까? 정말 갑갑하다는 느낌이 확 들어온다. 성벽 위로는 접근할 수 없다. 동장대와 함께 성벽을 철망 안에 가두어 놓았다.

나중에 안 사실이지만, 이곳은 충렬사 관할 지역이어서 충렬사를 통해 들어와 볼 수 있는 곳으로 되어 있단다. 충렬사 성역화 작업을 하면서 같이 동장대와 읍성을 복원하였기 때문에 충렬사에서 관리하고 있고, 그 관리를 잘하기 위해 철망을 만들어 두었단다.[10] 충렬사 쪽으로 올라오면 둘러볼 순 있겠지만 이어져 왔던 읍성길이 끊어져 버려서 의미없이 되어 버렸다. 읍성길을 다 연결하지 못한다는 느낌에 실타래가 꼬인 듯 마음이 뒤엉켜 버린다. 그래서 보호와 관리를 위해 만들어 놓은 철망이 원망스럽기만 하다.

철망 안으로 보이는 읍성과 동장대

10 1976~1978년 정부의 충렬사 성역화 방침에 따라 사당과 기념관 등 건물을 새로 지으면서 영역을 확장하였다. 확장한 곳에는 읍성의 일부를 복원해 놓았다. 그 보존과 관리를 충렬사에서 감당하고 있다.

생각해 보니, 똑같이 읍성을 복원해 놓았지만 너무나 비교가 된다. 서장대가 있는 곳의 복원된 읍성은 성벽과 주민들의 삶의 공간이 서로 연결되어 있었다. 산책하고, 등산하고 놀이터 삼아 놀 수 있는 공간으로 길이 열려 있었다. 읍성은 자연에게 가장 좋은 장식품을 선물한 모습과 같았다. 그랬기에 더 평화롭고 아름다운 장소가 되어 있었다. 하지만 이곳 동장대가 있는 곳의 읍성은 전혀 다르다. 철망에 갇힌 동장대와 성벽은 사람과 자연으로부터 격리된 곳이 되었다. 사람들이 자연스럽게 접근할 수 없을 뿐만 아니라 성벽 위를 올라 볼 수도 없다. 주변의 자연과도 전혀 어울리지 못하는 꼴이 되어 있다. 보다 더 일찍 읍성이 복원된 곳이지만 철망 속에 있는 성벽은 꼭 무슨 괴물 덩어리가 들어앉은 모양으로 변해 버렸다. 보호라는 명목으로 드리워진 철망은 거꾸로 주변과 격리하는 역할만 하였을 뿐이다. 그 격리가 사람에게는 무시와 무관심을 가져왔고 자연과는 화합하지 못하게 했다. 어떠한 아름다움과 평화로움을 찾을 수도 줄 수도 없게 해 버렸다.

새삼 이런 질문을 한다. '이러려고 복원하였는가? 이것이 읍성 복원의 진정한 목적인가?'

사실 동장대와 성벽은 동래읍성이라는 전체 구조물에 딸린 부속물이다. 그렇다면 읍성길을 걸으면서 동장대를 볼 수 있어야 하고 성벽을 걸을 수 있어야 마땅하겠다. 충렬사와 함께 만들어졌다고는 하나 충렬사라는 추모 공간과는 성격이 맞지 않는다. 충렬사와 계속 관련지어야 할 이유가 없다. 더 이상 충렬사 철망에 가두어 두어서는 안 된다.

집터로 내어준 성벽의 흔적

이 정도에서 마음을 정리하고, 철망이 쳐진 읍성을 따라 망월산의 언덕을 내려온다. 복원된 읍성의 끝이 나타나면서 갇힌 숲속을 빠져나온다는 느낌이 든다. 여기부터는 마을이 가까웠기 때문에 땅은 대부분 밭으로 쓰이고 있다. 밭 사이 길을 요리조리 내려오나 싶더니 바로 주택가를 만난다. 경사진 골목길로 들어선 그곳에 해묵은 돌이 눈앞에 펼쳐진다.

'와~ 여기도 있구나!'

또 한 번 놀람을 감출 수 없다. 완벽한 성돌이 그대로 유지되고 드러나 있다. 어느 가정집의 축대로 쓰이고 있다. 옛 성터

어느 가정집 축대로 쓰인 성돌

위에 집을 짓고 살아온 것임을 의미한다. 읍성이 훼손될 당시 이곳 성터가 일반인에게 분양되었다고 봐야 할 것이다. 성은 없어지고 그곳에 집이 들어서면서 일부 성돌이 그 집의 기초석으로 활용된 것이다. 모양새를 보면 성이 완전히 희생당한 꼴을

하고 있다. 하지만 그렇게 희생당하고도 집터를 떠받치고 있는 모습은 너무나 당당하다. 결코 위축당한 모습이 아니다. 절묘하다 싶다.

이렇게 기초석으로 버티고 있는 이 성돌도 꼭 뭔가를 말해 주고 싶은 것이 있는 듯하다. 이곳에 남은 것이 그냥 있는 것이 아니라는 것이다. 그동안 겪은 삶의 흔적을 다 남겨 놓았다는 것이다. 성돌, 이들은 희생되었지만 이곳에 새로운 생존의 터가 생겨난 셈이 아닌가! 이들은 새로운 삶의 기초석이 되었지 않은가! 시대의 변화에 따라 성은 없어지고, 집이 세워지고 그 역할은 달랐지만 그래도 자기 역할을 당당하게 감당하며 여기까지 왔다고 외치는 것 같다.

성터 위의 집은 오랜 세월을 겪으며 이제는 낡은 집으로 변해 있다. 사람이 더 오랫동안 살기는 어려울 것 같다. 사람들의 삶터를 위해 성벽은 그 희생의 도리를 다해 버렸다고 보아야 할 것 같다. 그렇다면 이제는 회복의 때가 아닐까? 원래 읍성돌의 모습으로 거듭나는 때가 이르렀지 않겠는가!

동래읍성 산지길을 시작할 때 아파트 정원에 표시된 읍성길의 모습을 보았다. 아무 흔적이 없는 곳에 바닥만 읍성 터라고 해 두어도 의미가 있게 와 닿았다. 하물며 이렇게 당당히 남아 있는 이곳의 성돌을 활용한다면 그보다 더 오롯한 읍성의 모습을 드러낼 수 있지 않을까? 그러기 위해 이곳에 읍성에 대한 안내판이라도 먼저 있었으면 좋겠다.

동래읍성 산지길을 돌고 돌아 내려왔다.

마음이 복잡한 심경으로 뒤엉킨다. 처음 읍성의 복원이 잘 된 서장대 쪽을 걸으면서 얼마나 마음이 풍성했는지 모른다. 부산의 산길 중 가장 평화롭고 아름다운 길로 당장 소개하고 싶었다. 하지만 북장대를 넘어 동장대 쪽으로 오면서 그렇지 못했다. 분명히 읍성의 흔적을 뚜렷이 확인할 수 있지만 내 버려지고 방치된 모습으로 다가왔다. 복원을 위해 지속적으로 준비하고 노력하고 있다는 느낌은 보이지만 더디기만 한 모습에 답답하기만 하다.

동래읍성 산지길이 전부 성벽과 성가퀴가 있어 이를 따라 걸을 수 있다면 얼마나 좋을까? 간간이 치성, 옹성에 성문도 확인하고 장대도 올라보면서 온전한 옛것을 좀 더 오랫동안 맛볼 수 있다면 얼마나 좋을까? 이제까지 보았던 바와 같이 읍성의 복원은 단순히 문화재의 복원만을 의미하는 것이 아니다. 우리 삶의 아름다움과 평화를 회복하는 것이다. 북장대의 서편 능선 서장대가 있는 곳에서 이미 보았던 그런 맛을 우리의 삶 속에서 회복하는 것이다. 돈을 줘서도 바꿀 수 없고, 돈을 내어서도 살 수 없는 광경이었다. 수많은 아파트를 짓는 것도 우리 삶의 안락과 휴식을 위한 것이라면, 읍성의 복원은 그 이상의 평화와 안식을 연출할 수 있는 것이지 않겠는가! 그렇다면 더 이상 주저하고 마다할 일이 아니지 않은가!

시체를 내어 보내며 인생무상을 생각하고 그 문을 인생문이라고 이름했을 땐 역설적으로 삶의 문화가 성숙한 시기였을 것이다. 저 정도로 냉정한 이름을 붙일 수 있다면 삶의 경쟁과 풍성함이 오히려 넘치는 때였을 것이다. 초고층 건물이 치솟고 온갖 자동차가 오가는 도시 문명 속에 사무실과 아파트라는 좁은 공간에 갇혀 치열한 경쟁을 살아가는 지금, 초라하게만 보이는 옛 건축물 읍성이 우리 속에 드리우기를 바라는 것도 우리의 삶이 성숙되고, 우리의 문화가 성숙되었음을 의미하는 것이 아닌가! 성숙한 우리의 모습에 걸맞은 일들이 보다 가시적으로 드러나길 기대한다.

3 골목길로 만나는
동래읍성 평지지역

동래읍성 평지지역에 가면 크고 작은 골목길을 만날 수 있다. 읍성이 있었을 당시 성문을 넘나들며 성안길, 성밖길이라고 불리었다. 시가지가 발달하고 읍성은 해체되면서 큰 변화를 겪어 왔지만 이 길은 여전히 남아있다. 지금은 한적하고 조용한 골목길이지만 오래도록 주민들의 삶을 이어주는 공간이다.

그중에도 읍성이 존재했을 당시 성벽을 따라가며 성벽 안길, 성벽 밖길이란 길도 있었다. 이 길은 어떻게 되었을까? 만약 이 길이 남아 있다면 동래읍성 평지지역의 흔적을 가장 가까이에서 쫓아가는 길이 될 수 있겠다. 어떤 모습일까? 이 길을 추적할 수 있을까?

© 네이버 지도

① 골목 입구 → 100m 도보 5분 → ② 야문터 → 300m 도보 10분 → ③ 서문터 →

100m 도보 5분→ ④ 동래만세거리 → 50m 도보 3분 → ⑤ 동헌 → 200m 도보 7분 →

⑥ 송공단 → 500m 도보 15분 → ⑦ 동래읍성 임진왜란 역사관 → 200m 도보 7분 →

⑧ 남문터 → 400m 도보 15분 → ⑨ 동문터 → 50m 도보 3분 → ⑩ 박차정 생가 →

50m 도보 3분 → ⑪학생항일 운동기념 탑 → 100m 도보 5분 → ⑫ 막바지 흔적

야문터 주변에서

명륜동 동래향교 앞 도로에서 언덕 쪽으로 올라가다가 고바위의 삼거리에 올라선 곳이 동래읍성 산지지역과 동래읍성 평지지역이 나뉘는 곳이다. 산지지역이 왼쪽의 아파트 쪽으로 올라가는 것과 반대로 평지지역은 오른쪽의(아파트 반대편) 주택들이 밀집된 곳으로 내려가야 한다. 그곳을 자세히 보니 주택들 사이에 작은 골목이 눈에 들어온다. 저 길이다. 저 골목길에서 읍성의 실마리를 찾아가야 한다.

동래읍성 평지지역의 시작 골목길 입구

골목길, 지금 시대와 어울리지 않는 길이다. 으슥하고, 어둡고, 침침하고, 불편하며, 심지어 가난한 곳이다. 이곳 골목길도 마찬가지다. 골목 입구 바닥에는 '온새미로[1]'라는 글이 쓰여 있고, 골목길로 한 발짝 들어서는 순간 화려한 아파트와 자동차로부터 격리되어 완전히 다른 세상에 온 것 같다. 쭉 뻗어 내려간 골목길에 사람들도 보이지 않고 시끄럽던 자동차 소리도 숨을 죽였다. 1~2층의 낮은 집이 이어지고 키 높이만 한 담벼락이 있는가 하

---

1 '자르거나 쪼개지 않고 자연 그대로'라는 순우리말

면 집 건물이 골목의 담을 형성하고 있다.

들어설 때는 으슥한 골목으로 보였는데 막상 들어서니 생각보다 밝은 분위기가 연출되고 있다. 골목 바닥과 담벼락에 여러가지 재미있는 문양의 글과 그림으로 마음을 끄는 것들이 그려져 있다. 알아보니 '온새미로 정비사업'이라고 이 지역의 재생을 위해 특별 사업을 한 결과란다. 지역 특성에 맞는 차별화된 재생사업을 하였다고 하는데 그것이 옛 동래읍성과 관련된 일이었다. 읍성과 관련된 곳이 맞긴 맞는 모양이다.

골목을 한참 내려오니 야문[2]터가 있다. 그렇다. 잘 찾아온 것이다. 암문이라고도 하는데 동래읍성 6개 성문 중 하나가 있던 곳이다. 그러니까 '온새미로 정비사업'은 동래읍성 야문이라는 역사적 의미를 담아 만든 것이다. 야문터에는 전통 문양의 벽면도 만들고 포졸상도 한 개 만들어 놓았다. 이를 통해 이곳이 옛 동래읍성 지역이었음을 분명히 알 수 있게 해 두었다.

그러면 조금 더 생각해 보자. 이곳에 야문이 있었다면 집 담벼락이 성벽이었을 것이다. 성벽은 집과 집이 연결되는 곳으로 놓여있었을 것이다. 그렇다면 걸어서 내려온 골목길은

야문터에서 본 성벽 밖길

---

2 암문(暗門)이라고도 하였으며, 4대(동, 서, 남, 북문) 성문이 닫혔을 때 필요한 경우에 통행을 허락했던 곳이다.

읍성 벽의 바깥 길, 성벽 밖길이 된다. 성벽이 있었을 시절의 성벽 밖길이 절묘하게 골목길이란 공간으로 남겨져 있는 것이다. 성벽은 없어졌지만 성벽 안길, 성벽 밖길이 골목길로 남아 있을 것이라는 예상이 전혀 틀리지 않는다. 순간, 마음이 매우 기쁘다. 평지지역 읍성 흔적을 추적하는 이 일이 가능하겠다는 생각이 든다.

야문터 앞은 오거리다. 성안에 사는 사람들도 성밖에 사는 사람들도 성문을 통해 다녀야 했기 때문에 모든 길은 성문을 향해서 모여지고 있다. 성문, 성벽이 함께 존재했던 시절로 거슬러 올라가면 모름지기 수백 년을 이어온 길이다. 한때는 얼마나 많은 사람들이 북적대었을지 모른다. 성문도 성벽도 없어진 지 100년이 지났지만, 이곳을 딛고 살아가는 사람들은 여전히 성밖길, 성안길, 그리고 성문 길을 통행해야 했다. 그리고 지금까지 이어지고 있다. 이제는 한적하고 후미진 길이 되었다. 분명한 것은 당시나 지금이나 주민들의 삶을 이어주는 여전히 중요한 삶의 공간이다.

야문터에서 이곳 주민을 만나 성벽 이야기를 꺼내니 가까이에 읍성의 뚜렷한 흔적이 있는 곳이 있다고 알려 준다. '정말일까?' 하는 미심쩍은 마음이 먼저 들었지만 당장 찾아보았다. 야문 터 앞에서 성문 밖으로 난 길을 따라 나가 왼쪽으로 돌아가는 곳으로 조금만 가니 담쟁이덩굴이 뒤덮은 집이 나타난다. 순간 눈을 의심하지 않을 수 없다. 담쟁이에 가려있는 집 기초석을 자

읍성 터 위에 세워진 집

세히 보니 옛 읍성돌이 아닌가! '아니 이럴 수가!' 머릿속에 이럴
가능성이 있을 것이라는 예상은 하고 있었지만 정작 그런 모습
을 보니 정말 놀랄 일이다.

읍성돌이 기초석이 되어 있다. 그 위에 집이 그대로 앉아 있
다. 집 크기도 성의 폭과 똑같다. 저곳이 읍성 터다. 두말할 여
지가 없다. 주변에 집들이 없어지면서 공터가 생기고 보니 신기
하게도 이 집이 드러나게 되었다. 상대적으로 큰 성돌 위에 집이
얹어져 있으니 그 모습이 더욱 뚜렷하게 나타났다. 그리고 보니
그 집뿐 아니라 일렬로 8채 정도의 집이 모두 성터 위에 그대로
지은 집이다.

이런 집들은 읍성을 해체하면서 분양받은 성터 위에 지은
집이다. 성돌 조차 치우지 않은 상태에서 집을 지었기에 바로 식
별이 된다. 처음은 초가집이었을 것인데 시대가 지나며 집을 짓

는 건축 도구는 달라져 지금은 블록 슬레이트집이 되어 있지만 집터는 그대로다. 100년 전의 집 크기가 지금까지 남아 있는 모습이다. 지금은 저런 집에 어떻게 살까 싶을 정도로 매우 작아 보인다. 그리고 이젠 아무도 살지 않는 빈집도 보인다.

문득 관할 관청에서 이를 매입하고 야문과 연결하여 성벽을 복원시킬 계획을 세운다면 어떨까 싶다. 이곳에 성문이 있고 읍성이 있으면 우리에게 어떤 의미를 줄 수 있을까? 이것이 단순 문화재 복원 사업이라면 의미 없겠다. 수백 년 동안의 삶을 이어 우리가 살고 있다는 것을 인식하게 하는 좋은 구조물이 된다면 의미 있지 않겠는가!

하지만 이곳은 주택가이다. 한 발짝만 더 나가면 상가지대다. 이런 곳에 성문과 성벽이 들어서 있으면 이상하게 생뚱맞은 구조물이 될 가능성이 높다. 그렇다면 많은 돈을 들여 만드는 것이 생색내는 단순 문화재가 될 뿐이지 않겠는가! 좀 더 신중해야 하겠다.

성벽 밖길이 골목길이 된 것과 성돌이 집의 기초석이 된 것을 확인하면서 흥분된 마음을 진정하고 야문터 주변을 다시 돌아본다. 한때는 동래에서 살기 좋은 주택가였던 곳이다. 지금은 후미진 뒷골목 지역으로 변하였다. '온새미로 정비사업'이라는 재생 사업이 시도되고 있어야 할 만큼 많은 이의 관심 밖 지역이 되었다. '자연 그대로, 있는 그대로'라는 의미의 '온새미로'와 같이 이곳에 있는 그대로를 살린다는 의미를 담아낼 수 있으면 좋겠다. 야문터, 그리고 성터 위의 집이 그런 역할을 할 수 있을까 조심스럽게 기대해 본다.

서문터로 가는 길

동래읍성 야문에서 서문으로 가는 길은 완전히 평지이다. 야문터에서 성벽 안길로 접어든다. 성터 위에 지은 집이 일렬로 배열된 것과 나란히 나 있는 골목이 있다. 이

야문터에서 서문터로 가는 성벽 안길

골목을 나가면 동래구청 주차장으로 연결된다. 이곳은 동래구청 뒷 담벼락을 따라 읍성이 존재했던 곳이다. 2000년대 초반까지 동래구청의 뒤 담벼락을 따라 좁은 골목길이 나 있었던 것을 기억한다. 지금 뒤 담벼락이 반원형을 그리고 있듯이 좁은 골목길도 반원형을 그리고 있었고, 골목길을 따라 집들도 일렬로 반원형을 그리고 있었다. 그때 그 집들이 읍성 터에 놓였던 집이었던 셈이다. 집들은 초가집 형태가 최후까지 남은 모습으로 작고 허름한 꼴을 하고 있었다.

지금은 모두 주차장이 되어 버렸다. 그렇다면 이 주차장 바닥에 읍성 터를 따라 선으로 표시를 해 둘 수도 있겠다. 동래구

청 담벼락과 동심원으로 반원형을 그리면서 선이 그어진다면 읍성이 있었던 곳임을 확실히 알 수 있겠다. 그 선은 주차장 반대편 쪽문이 있는 곳으로 이어질 것이다.

쪽문을 열고나서니 공터가 이어진다. 이 공터는 뭔가 심상찮아 보인다. 도로도 아닌 것이 공원도 아닌 것이 어색한 공간으로 남아 있다. 공터 부근을 조금 더 보니 바닥에 흰색 포장돌이 놓인 것이 보인다. 직사각형의 새로 다듬은 돌인데 최근에 놓았는지 돌 색이 흰색에 가깝다. 어림잡아 가로 1m 세로 5m 정도는 되어 보이는 직사각형 돌 12개가 연이어져 놓였다. 어쩌면 읍성이 놓였던 흔적을 의도적으로 표현해 놓은 것인지도 모르겠다. 그런데 바로 옆에는 콘크리트로 덮인 하수로가 붙어 있다. 그렇다면 이 포장돌 밑으로 하수가 흐르는 것이 아닌가! '엉? 어찌 된 것이지?' 한참 요리조리 골몰하여 생각하지 않을 수 없다.

한참을 생각한 후에야 뭔가 정리된다. 이곳은 읍성이 있던 당시 하천이 흘렀던 곳이다. 하천 위로 읍성이 통과하던 자리다. 포장돌 같이 보인 것은 읍성이 하천을 통과할 수 있도록 받쳐주는 거대한 돌다리라고 할 수 있다. 그 돌다리 위에 읍성이 얹어져 있었던 셈이다. 옛 돌다리 대신 새 돌다리를 복원해 놓았으니 돌 색이 하얀 것이다. 마안산에서 시작하여 복천동야외박물관 옆을 따라 내려오는 성안 물이 이곳으로 흘러 성밖으로 빠져나갔다. 성밖에서 보면 성안의 물이 성밖으로 흘러나오는 수구에 해당하겠다.

이렇게 해석하고 나서 돌다리 위에서 고개를 들어 본다. 돌다리에서 공터, 그리고 동래구청 뒷 담벼락으로 이어지는 읍성 터가 길게 연결되는 것이 한눈에 들어온다. 성벽이 놓인 것이 상상이 간다. 어색하게 비어 있는 공터는 읍성 터였다. 앞으로 이곳은

읍성 수구가 있던 곳

어떻게 활용될까? 어떤 모습으로 변할까? 아무런 답을 할 수 없지만 이런 공간이 남겨져 있다는 것이 참으로 신기하고 고맙기만 하다. 한참을 서 있다가 발길을 옮긴다.

돌다리를 지나면 명륜로 94번 길을 만난다. 여기부터는 도로가 읍성 터이다. 읍성이 철거된 자리가 도로로 변한 대표적인 곳이다. 특별히 조선 전기 읍성 터와도 일치하는 곳[3]이다. 읍성은 도로를 따라 남쪽으로 뻗어 있었다. 도로를 따라 조금을 가니 교차로가 나타난다. 그곳이 서문이 있었던 자리다. 서문을 둘러싸는 옹성이 있던 곳에 서문터 표지석이 놓여 있다. 이 표지석이 없었다면 이 부근에 서문이 있었다는 사실을 확인하긴 어려웠을 것이다. 도로가 된 곳에서 읍성의 흔적을 찾기란 더욱 어렵다.

---

3   명륜로 94번 길과 수안교차로, 충렬대로로 이어지는 도로의 일부는 읍성 터가 없어지고 만들어진 도로이다. 조선 전기의 읍성 터와도 일치하는 곳이다.

동래읍성의 중심 동래만세거리

　서문터에서 읍성 터를 따라가던 길을 잠시 돌려 동헌과 송공단을 들렀다 가는 것이 좋겠다. 어차피 읍성을 돌아본다면 읍성과 밀접한 관련이 있는 이 두 곳을 빠트릴 순 없겠다.

　서문터에서 성안쪽(동쪽)으로 난 직선 큰길로 들어선다. 동래시장으로 이어지는 길이다. 읍성이 있던 시대로 따지면 동헌으로 가는 길이라고 해야 할 것이다. 그때도 그랬겠지만 이곳은 동래에서 제일 번화가 중의 하나이다. 지금도 많은 사람들이 다니고 있다. 동래시장에서 만덕을 넘어 구포시장을 오가던 보부상들은 당연히 이 길을 따라 서문을 통행했을 것이다.

　동헌으로 가는 길에 광장과 같이 넓은 오거리를 만난다. 이곳은 동래읍성 안에서 가장 중심지였다. 동래시장과 동헌이 코앞에 있고, 오일장의 중심지도 이곳이었으며 동래 사람들의 심장과 같은 곳이 이 너른 터였다. 그랬기에 1919년 동래장터 3·1운동이 바로 이곳에서 일어났다. 동래고보 학생들이 중심이 되

동래시장 앞 오거리와 동래만세거리의 비석들

어 시작되었지만 학생들만의 일이 아니었던 것은 그 장소가 장터였기 때문이다. 장터에 있는 수많은 사람들이 이를 보고 호응했고 그날은 온 동래 지역이 들썩였을 것이다.

이것을 기념하여 오거리에서 남북으로 난 길을 동래만세거리로 이름해 두었다. 그리고 만세거리에 걸맞게 길옆에는 동래 지역 독립운동가를 소개하는 여러 비석이 나열되어 있다. 교과서에서 보지 못한 독립운동가들이다. 독립운동가에 이런 사람들도 있었구나 하는 생각이 든다. 우리 가까이에 나라와 민족을 위해 애쓴 분들이 이렇게 많이 있었다는 사실에 뿌듯하면서도, 이들에 대해서는 잘 알지 못했다는 미안함도 든다. 새삼 이렇게 비석을 새겨 놓은 것이 정겹게 여겨진다. 전혀 과시적이지 않아 좋아 보인다. 그들을 잊지 말자는 정도의 소박한 비석들이다. 그런 소박함이 더 간절히 다가온다.

동헌이 이렇게만 되었어도

다시 오거리에 서니 바로 옆에 여러 한옥을 흙담장으로 둘러싼 동헌이 눈에 들어온다. 그곳으로 발길을 옮기지 않을 수 없다.
동헌은 조선시대 관아의 우두머리 동래부사(사또, 수령)가 집무하는 곳이었다. 지금으로 따지자면 부산시청과 같은 곳이다.

물론 이곳 부근은 동헌 외에도 수많은 관아와 관련 건물들이 들어서 있었다. 일제강점기를 거치면서 우리의 행정치소는 성벽과 마찬가지로 의도적이든 의도적이지 않든 희생되고 사라져 갔다.

1970년대 학창 시절 등하교 때, 늘 동헌 앞을 지나갔던 기억이 생생하다. 그땐 충신당과 연심당 건물 2동 밖에 없었다. 그리고 아무도 들어갈 수 없도록 늘 대문이 자물쇠로 채워져 있었다. 아무도 관심 없는 곳같이 여겼고, 가치 없는 곳같이 취급되었기에 대문 앞 도로에는 시장에서 장사하는 사람들의 난전으로 인해 어수선하기만 했다. 그 앞을 수없이 지나다녀도 동헌이 어떤 의미가 있는지, 그 옛날 얼마나 중요한 장소였는지 잘 읽어내지도 읽어낼 수도 없었다.

여러 건물이 복원된 동래부 동헌

지금은 그냥 지나칠 수 없을 만큼 많은 한옥 건물이 들어서 있다. 동래부동헌이라는 한자 글이 쓰인 대문 안을 들어가니 정면에 충신당 건물이 보인다. 이 건물이 동헌의 중심이다. 건물의 기단이 옛 색을 띠고 있다. 지금까지 유일하게 살아남은 건물이다. 충신당 옆에 연심당[4]을 비롯하여 독경당, 찬주헌 등의 건물을 복원하였다. 한 때 금강공원으

---

4   충신당과 함께 최근까지 남아 있었지만, 너무 낡아 새로 복원하였다.

로 옮겨졌던 망미루와 독진대아문을 다시 옮겨 와서 복원해 두었다. 이곳저곳 돌아볼 것들도 보인다. 수령이 집무하는 곳, 형틀, 마구간 등등.

조선 사회는 이런 공간에서 통치가 이뤄졌다는 것이다. 구석구석에 수령의 통치를 연상할 수 있는 시설물도 많이 마련해 두었다. 그냥 둘러보기만 해도 수령의 통치 모습이 자연스럽게 다가온다. 그래 이제야 동헌을 이해할 수 있을 것 같다. 그러나 지금의 공간도 당시 동헌의 공간에 비하면 지극히 일부에 불과하다고 한다. 만약 그런 것이 지금까지 온전히 남아있다면 또 얼마나 더 실감 날까 싶다.

이렇게 되고 보니 이런 것들이 없어지기 전에 이미 보호되고 관리되었어야 할 것들임을 알겠다. 이보다 더 넓은 공간에 더 많은 관아가 버젓이 남아 있는 것을 상상해 보라. 마음이 풍성해지지 않는가! 그들의 삶과 생활방식이 우리에게 이어지고 있는 것이 자연스레 느껴지기 때문이다. 일제강점기로 인해 단절된 역사 속에서 부서지고 훼파되어 없어져 갔다는 것은 단지 건물과 구조물만을 의미하는 것이 아니다. 면면히 우리에게 이어져야 할 삶과 생활방식이 훼손되었음을 의미하고, 우리가 살고 있고 앞으로 살아가야 할 삶의 공간이 훼손되었음을 의미한다. 이는 한마디로 삶의 단절이요 삶의 박탈감을 경험케 하는 것이었다.

지금 정도만으로도 이렇게 쉽게 받아들일 수 있는 것을 그당시 2동 남겨진 건물로는 이해할 수 없었고 답답함만 더해 주었다. 온갖 책을 읽으면서도 내가 사는 곳의 동헌을 지금과 같은 모습으로 그려낼 순 없었다. 아직도 미진한 감이 없지 않지만 여기까지 복원을 하느라 얼마나 많은 수고와 노력이 뒷받침되었겠는가! 몇 배나 더 힘든 과정을 겪는 것이다. 우리가 잘못 지켜온 결과에 대한 자업자득일 뿐이다.

송공단이 주는 의미

동헌을 빠져나가 동래시장 뒤쪽에 있는 송공단으로 향한다. 송공단[5]. 임진왜란 당시 동래성 전투의 희생자를 추모하는 공간이다. 부사 송상현의 이름을 따 송공단이라 하였다. 한날 하루아침에 동래성의 주민 모두가 몰살당한 꼴을 생각하면 그 전쟁은 기억조차 하기 싫은 것이지만 '전사이가도난(戰死易假道

---

5 송공단은 1742년(영조 18)에 송상현의 죽은 장소인 정원루터에 송상현을 비롯하여 동래성을 지키다 순절한 분들을 모신 제단이다. 이 단이 세워지기 전에는 임진왜란 때 순절한 분들의 전망제단(戰亡祭壇)이 동래읍성의 남문 밖 농주산(弄珠山 : 동래경찰서 자리)에 있었다. 1742년 제망제단을 이곳으로 옮기며 송공단이라 하였다. 처음에는 동서남북의 4단으로 만들어져 있었으나, 그사이 변화가 있어, 1767년의 충렬사지에 기록된 모습은 신분에 따라 단을 구분해 두었다. 현재의 송공단은 2005년 충렬사지에 기록된 모습대로 복원하였다. 가운데 부사 송상현을 두고 왼쪽 단에 양산군수 조영규(趙英珪) 동래교수 노개방(盧盖邦), 오른쪽 단은 비장(裨將) 김희수(金希壽)·송봉수(宋鳳壽)·양조한(梁朝漢), 유생 문덕겸(文德謙), 단을 낮추어 동래부민 김상(金祥) 향리 송백(宋伯), 청지기 신여로(申汝櫓), 같이 난을 당한 백성(怨亂民人)을 두었고, 그 뒤쪽에 따로 된 단에는 여성 4명을 모셨는데 의녀(義女) 2명, 송상현의 첩 김섬(金蟾), 같이 난을 당한 부인(怨亂婦人)을 두었다. 그리고 좌측 뒤로는 단도 없이 관노였던 철수·매동의 비가 세워져 있다.

難)[6]'이라는 목패를 내 던지고 온몸을 맞서 싸운 그들은 진정 우리의 자존심이 되어 주었다는 점을 기억하면 이유여하를 막론하고 이곳에 와서 누구나 머리를 조아림이 마땅하다.

정면 입구에 있는 외삼문을 들어서니 우측으로 송공단기라는 비석이 있고, 곧바로 내삼문을 들어서니 송상현 비석과 함께 15개의 비석이 펼쳐져 서 있다. 생각보다 많은 비석이 좌우로 늘어서 있다. '왜 이렇게 비석이 많지?' 잠시 묵념을 하고, 이 상황을 파악하기 위해 일일이 비석에 적힌 글을 읽어 보게 된다. 비석은 모두 한자로 되어 있다. 요즘 젊은이들이 읽기는 힘들어 보인다. 비석 하나하나를 설명하는 구체적인 안내문이 따로 있어야겠다는 생각이 든다.

비석은 동래성 전투 때 희생된 자의 이름이 새겨져 있다. 이곳이 비록 송상현 한 사람의 이름을 따 송공단이라고 하였지만 그와 함께 희생된 모든 사람의 추모비가 세워진 공동의 추모 공간인 셈이다. 송상현 부사

단의 높이가 다른 송공단.
뒤편 담장 안에 여인들의 비석 4개도 보인다.

와 그의 부하들, 아전들 게다가 동래성 주민 모두를 포함하고 있

---

6 '싸워서 죽기는 쉬워도 길을 빌려주기는 어렵다'는 뜻으로 왜군이 명나라를 치러 갈 테니 길을 비키라는 요구에 부사 송상현을 비롯한 동래성 사람들은 이 말을 하고 싸움에 임하였다.

다. 심지어 여자들까지 이름을 새겨 놓았다. 글을 읽으면 읽을수록 마음이 더 숙연해 짐을 금할 길이 없다. '그랬구나! 정말 너나 할 것 없이 모두가 죽었구나!' 더 이상 아무 말을 할 수가 없다.

일단 마음을 추스르고 정면에 서서 15개의 비석을 다시 쳐다본다. 그런데 비석의 크기가 다른 점이 눈에 들어온다. 특히 단의 높이가 각각 다르다. '왜 그럴까?' 뒤쪽 한편에는 단을 따로 만든 공간도 있다. 15개의 비석이 함께 단이 배치된 전체적인 모양과 균형은 잘 어울리는데, 모양 좋고 보기 좋으라고 이렇게 만든 것은 아닌 것 같다.

글을 좀 더 자세히 읽으며 비석의 위치를 보니 신분 서열에 따라 차등을 둔 모습이라는 것을 알겠다. 신분제 사회의 전형을 반영한 모습이다. 부사 송상현은 제일 높은 단에 비석의 크기도 제일 크다. 그 옆 낮은 단에는 다른 관리들과 향리들, 또 낮은 곳에는 백성들의 비가 놓여 있고, 뒤쪽 한편에 따로 만든 단에는 여성들의 비 4개가 있다. 모두 같은 전투에서 희생을 당하였다. 하지만 죽어서도 차별되어있는 모습을 지금의 우리로서는 어떻게 이해해야 할까?

그런데 단의 뒤쪽에 단위에도 세워지지 못한 채 뒤에 처박힌 듯 비석이 하나 더 있다. 이건 또 뭐지 싶어 글을 읽어 보니 이것은 노

단에도 올려지지 못한 노비의 비가 오른쪽 끝에 보인다.(흰색 원)

비의 비석이다. '아니, 노비라고 해서 이렇게 따로 취급하고 있
단 말인가!'

　다소 놀란 마음을 누르고 앞에 서서 단의 모습을 보고 한참
을 서 있어 본다. 단의 양쪽 뒤에 있는 여성과 노비의 모습이 아
련하게 다가온다. 이러한 모습은 정말 이 시대에 어울리지 않는
다. 그러나 그 시대에는 그랬다. 신분의 구별을 통해 차별이 있
는 사회였다. 차별이 사회를 유지하는 근간이었다. 구별하고 차
별함으로써 부각되는 자가 사회의 중심에 있었다. 구별되고 차
별당하는 자의 희생 속에서 그 사회의 힘이 유지될 수 있었다.
그런 사회였다. 그랬기에 단으로 구별된 모습이 더 어울리는 사
회였다. 집의 구조에서도 남성들의 공간인 사랑채의 뒤쪽에 여
성 전용 공간인 안채가 있었듯이, 비석의 단도 여성들 전용 공간
으로 뒤에 따로 마련한 셈이다. 그 시대를 절묘하게 반영하고 있
는 모습이다.

　그래도 단도 없이 구석에 처박힌 듯 세워진 노비의 비석이
마음에 걸린다. 가서 다시 한 번 글을 읽어 보았다. 고관노철수
매동효충비(故官奴鐵壽邁同效忠碑). 성(性)도 없는 관노비 '철수,
매동'의 충성을 기리는 비석이라는 뜻이다. 그런 신분 차별 사회
속에서도 노비의 비석까지 마련되었다는 사실은 무엇을 의미할
까? 그냥 모른 체 해 버리면 그만이었을 사람이다. 무시하고 넘
어간다 해서 누구 하나 뭐라고 이야기할 사람이 있었을까? 평소
에도 이들이 죽었다고 따로 비석을 만들어 준 적이 없었다. 전쟁

에서 엄청난 공적을 세웠다는 뚜렷한 기록이 있는 것도 아니다. 또 말없이 죽어간 사람들은 노비뿐 아니라 일반 백성들도 얼마나 많았는가! 그렇다면 전쟁에서 희생된 것쯤은 당연한 것이었다. 그저 죽은 짐승 하나 같이 치부한들 뭐라 할 것이 전혀 없다.

그럼에도 불구하고 이들의 비석이 세워진 이유는 무엇일까? 노비의 비석 뒷면에 한 면 가득 글이 새겨져 있다. 송공단의 다른 15개 비석은 뒷면에 아무런 기록이 없는데 왜 여기만 글이 있을까? 글은 모두 한자로 기록되어 있다.

나중에 알아본 사실이지만 이 두 노비는 전쟁에서 죽은 자가 아니었다. 글 내용은 '철수, 매동' 두 노비가 송상현 부사의 죽음을 알리고, 시신을 거둔 일을 하였다고 하고 있다. 정말 엉뚱한 내용이다. 효충비(效忠碑)라고 했는데 임진왜란에 전과를 세우면서 충성을 다한 것을 기념하는 비가 아니라, 임진왜란 때 살아남아 송상현 부사의 시신을 거둠으로써 관의 노비로서 충성스런 행동을 기념하는 비석이라는 것이다. 그것도 비석이 세워진 것은 임진왜란이 끝난 지 약 200년 후였고, 이곳에 송공단이 세워지고 난 약 60년 후의 일이었다. 그러니 뒤늦게 슬쩍 끼어든 비석이다.

단도 없다는 것도 그렇지만 비석의 색깔이나 모양이 나머지 15개와 달라 좀 이상하다는 생각이 들었는데 세운 시기가 달랐다는 이유가 있었다. 전쟁의 공로와 전혀 상관없다. 그 시대의 유교적 사회질서를 더 부각시키기 위해 숨겨진 유교적 행위를 의도적으로 발굴해 내어 세운 비석이다. 조금은 실망스럽다. 전쟁에서 노비조차도 이름을 드러낼 정도로 용감히 싸우는 무용담이 나오기를 기대했는데 그렇지 못하다.

그렇다면 이 비석은 단 위에 세워지지 않는 것이 마땅하다. 어쩌면 이곳 송공단 내에 있을 필요조차 없는 비석이다. 이곳은 동래성 전투에서 희생당한 자를 위로하는 공간이다. 이들 노비의 비석이 있어 그들이 온갖 전쟁 영웅적 활약을 하였을 상상을 하게 되어 괜한 오해를 사게 된다. 여기 이 공간에서 전쟁에 살아남은 노비가 유교적 도리를 다했다는 점을 부각시킬 필요는 없다.

동래성 전투는 신분과 상관없는 싸움이었던 것은 사실이다. 결코 양반과 사대부를 위해 나가 싸우는 싸움이 아니었다. 밀려드는 왜적 앞에서 자신의 삶의 터전을 위해, 자신의 생존을 위해 싸운 싸움이었다. 평소에 양반 앞에 굽신 대야 했던 일이 아무 소용이 없었다. 신분의 높고 낮음이 전혀 필요 없었다. 여자든 남자든 그것도 의미 없었다. 모두가 같은 마음과 뜻으로 싸워야 했다. 그랬지만 참여한 사람 모두가 목숨을 내어 놓은 싸움이었다.

그런 싸움 속에서 신분을 뛰어넘는 일은 수없이 있었을 것이다. 어쩌면 허울 좋은 신분사회라는 세상 질서를 완전히 뒤집는 일들도 허다했을 것이다. 그럼에도 불구하고 전쟁이 끝나고 나서 그 공적을 이야기할 때는 여전히 양반, 평민이라는 신분 서

열이 남아 있었다. 그래서 추모를 위한 비석은 단을 달리하면서라도 그 서열을 지켜야 했다. 이러한 유교적 사회질서는 전쟁 이후에 더욱 강조되어 갔다. 송공단을 고쳐지으면서 처음보다 단으로 인한 차별이 더욱 고정화되고 남과 여가 구분되는 공간까지 창출되었다.[7] 시간이 더 지나니 노비의 유교적 충성심을 부각시키는 길로 나아갔다. 희생된 자를 위로한다는 공간 속에서, 면밀히 보면 볼수록 그 배후에 신분 차별의 사회질서가 점점 더 강하게 자리 잡고 있다는 것을 보는 것 같아 못내 마음이 쓰리다.

송공단, 숙연한 마음으로 들어서서 애잔한 마음이 일어나게 하더니 쓰린 마음을 안고 돌아서게 한다. 그러나 그 어떤 이유가 있다 하더라도 이곳은 동래성 전투의 자존심을 담고 있는 곳이다. 그 어떤 곳보다 우리가 추모해야 할 곳이며, 잊지 말아야 할 공간이다.

송공단에서 서문터로 돌아와 서문터 사거리에 선다. 다시 읍성 터를 따라 남쪽으로 내려간다. 얼마 가지 않아 수안교차로가 정면에 펼쳐진다. 수안교차로의 일부가 읍성 터이다. 지금은 도로가 넓어져 그 정확한 위치를 짚어 내기는 어렵게 되었지만 인도 가까운 쪽 도로를 따라 반원형을 그리며 읍성이 있었을 것

---

7 송공단은 처음에는 동서남북의 4단으로 되어 있었다. 북단에는 송상현·조영규·노개방 등을, 동단에는 유생 문덕겸(文德謙) 등을, 서단에는 송상현의 첩 금섬(金蟾) 등을, 남단에는 향리 송백(宋伯) 등을 모시고 있었다.

이다. 인도를 따라 충렬대로로 가면 바로 남문으로 이어진다.

수안역 지하광장, 동래읍성임진왜란역사관

수안교차로는 읍성과 관련하여 매우 중요한 곳이다. 2005년 도시철도 수안역 공사 중에 엄청난 유물이 발굴되었다. 약 100명 안팎 사람들의 뼈와 다양한 무기 등이 출토되었는데, 이후 공사 중단과 도시철도 완공 시기를 늦추게 했다. 발굴 조사 결과 임진왜란 당시 동래읍성 전투에서 희생된 자와 각종 전쟁 도구가 매몰된 현장임이 밝혀졌고, 발굴 장소는 성벽 앞의 해자[8]에 해당하는 곳이라고 하였다. 임진왜란의 비참했던 현실이 그대로 드러난 것이다. 400년이 지난 유물이었다. 유물의 중요성에 걸맞게 해자가 있었던 곳을 어떻게 해서든 복원하려는 노력이 진행되었다. 그 결과 해자가 발굴된 수안교차로 아래 수안역 지하 광장에 동래읍성임진왜란역사관과 함께 관련 시설물을 만들어 놓았다.

그래서 이곳에 오면 도시철도 수안역 지하광장은 꼭 들러보아야 한다. 임진왜란 전투의 참혹함을 말로만 듣는 것이 아니라 사실적으로 볼 수 있기 때문이다. 역사관에는 임진왜란 당시의 해자 모습을 원형 그대로 복원해 둔 점과 조선 전기의 동래읍

---

8   조선 전기 동래읍성의 해자이다. 해자는 성벽 주변에 인공으로 땅을 파서 고랑을 내거나 자연하천을 이용하여 적의 접근을 막는 시설이다.

성 모형도를 전시한 점은 높이 살 부분이다. 발굴된 무기류와 함께 전란 당시의 중요한 자료를 같이 전시하고 있다. 역사관의 바깥쪽 지하광장에는 해자의 위치, 해자의 단면, 수(帥)라는 글자 등이 광장 바닥과 벽면에도 만들어져 있다. 사실을 그대로 드러내고자 한 전시관이라는 점에서 하나하나 시간을 들여 더욱 주의 깊게 볼 필요가 있다.

해자의 단면 모형

전투 갑옷 모형

해자 발굴 위치

'전사이가도난' 목패를 던진 곳, 남문터

지하광장에서 나오면 길은 충렬대로 쪽으로 이어진다. 명륜로 94번 길에서 이어진 읍성 터가 수안교차로를 거쳐 충렬대로로 이어지는 셈이다. 충렬대로로 접어들어 얼마 가지 않아 교차로가 나타난다. 교차로 한쪽에 남문터 표지석[9]이 보인다.

남문터, 이곳이 동래부사 송상현이 왜적을 향해 '죽기는 쉬워도 길을 빌려주기는 어렵다(전사이가도난, 戰死易假道難)'는 목패

---

9 조선 전기와 후기를 통틀어 읍성의 남문은 이곳에 있었다.

를 던진 곳이다. 그리고 목숨을 건 항전을 벌였다. 그랬기에 얼마나 많은 사람의 목숨이 쓰러져 갔는지 모른다. 그렇게 싸우고도 성이 무너지고 적의 손에 점령당했던 한이 맺힌 곳이다.

더구나 전쟁이 끝난 지 130여 년 후, 이곳 남문터 앞에서 조선 후기 동래읍성을 재건하는 공사 도중에 수많은 해골과 뼈, 각종 무기들이 발굴되는 일이 있었다.[10] 수안교차로 해자에서 발굴되었다는 것과 비슷한 발굴이었다. 전쟁의 참혹함을 다시 한번 되새겨야 했다. 이때 수거된 유골을 모아 따로 봉분을 만들었고 그것은 지금 금강공원 안에 임진동래의총이라는 이름으로 모셔져 있다.

남문터에서 본 동래만세거리

10　1731년(영조 7) 동래부사 정언섭(鄭彦燮)이 동래읍성을 다시 세울 때, 임진왜란 격전지였던 옛 남문터에서 많은 유골이 부러진 칼, 화살 등과 함께 발굴하였다. 이 유해를 거두어 읍성 서문 밖 삼성대라는 곳의 서쪽 구릉지에 여섯 무덤을 만들어 안장하였다.

남문터는 그런 곳이었다. 그런 터 위에 다시 성벽과 성문이 세워졌었다. 그러나 지금은 다시 세워졌던 성벽과 성문마저 없는 상태다. 남쪽으로 동래경찰서 건물이 보인다. 북으로는 읍성 안 도로 중 가장 큰 도로였던 동래만세거리가 있으며 동래시장, 동헌으로 곧장 연결된다. 동헌에서 이곳 남문을 지나 남쪽으로 곧장 가는 길이 당시 동래의 주도로였고 계속 가면 세병교를 거쳐 부산진, 초량왜관으로 이어지고 있었다. 동래읍성에서 가장 상징적인 곳이지만, 남문터라는 지표석만 그곳임을 알리고 있을 뿐이다. 이 시대를 안고 가는 자동차의 물결, 사람의 물결은 지난날의 일을 생각할 겨를도 없이 부산하게 움직이고 있다.

골목길이 모여드는 동문터

남문터에서 충렬대로를 따라 동쪽으로 약 300m 정도의 직선도로도 성벽을 허물어 도로를 만든 곳이다. 큰 대로에서 옛 흔적을 전혀 찾을 순 없다. 그냥 읍성이 있었던 곳이려니 하며 지나갈 뿐이다.

300m 정도를 지나니 충렬대로에서 옆으로 빠지는 좁은 골목을 또 만난다. 성안길과 성밖길로 보이는 두 골목길이 나란히 나타난다. 그렇다면

동문터 앞의 골목길 모습

두 골목 사이의 건물은 성터 위에 세워진 건물이겠다. 이 건물도 일렬로 5채 정도가 이어지고 있고 그 끝 부분에 이르니 동문터가 나타난다.

동문터[11]에서는 골목길의 절묘한 모습을 또 볼 수 있다. 문이 있던 곳을 향해 골목이 모여들고 있다. 세어보니 모두 5개의 골목이다. 골목이 모인 지점에 서 보니 골목도 골목이거니와 집의 방향이 제각각이다. 골목이 갈라지듯 집도 골목이 갈라진 방향을 따라 방사상으로 놓여 있다. 성터를 따라 집이 형성되다 보니 성문을 기준으로 좌, 우 성벽과 정면 옹성 성터에도 집이 들어섰기 때문이다. 몇 채의 집을 이으면 반원형을 이루고 있는 옹성터 위에 지어진 집도 확인된다. 큰 대로에서 얼마 떨어지지 않은 곳이지만 집들은 허름하고 골목도 후미진 채로 남아있다. 아직까지 읍성이 있던 당시의 흔적을 그대로 보여주고 있다. 정말 재미있는 모습이다.

동문터를 확인하고 제일 좁은 골목을 따라 성밖 쪽으로 나오니 1차선 도로가 맞이한다. 도로를 가로질러 보니 골목은 계속 이어진다. 이제는 이 골목길이 성밖길이고 그 골목에 붙은 좁다란 집들이 성터 위의 집임을 단번에 알겠다.

이곳에 '독립운동가 박차정 의사 생가'라는 안내판이 눈에 띈다. 들러보지 않을 수 없다.

---

11 동문터 지표석은 동문터 골목길에서 바로 옆에 있는 1차선 도로에 만들어 놓았다.

여성독립운동가 박차정 생가

박차정 생가

여성 독립운동가 박차정. 그의 생가는 곱게 다듬어 놓은 깔끔한 한옥 한 채와 마당이 전부이다. 한옥의 방과 마루에는 박차정에 대해 간단한 소개를 하는 글들을 비치해 두었다. 10분이면 다 돌아보고도 남을 곳, 별달리 더 볼 것도 없지만, 박차정이란 인물은 우리나라 독립운동사에 그냥 넘어갈 수 없는 중요한 이야기를 지니고 있어서 이곳에 서니 여러 가지 생각이 복잡하게 뒤엉킨다.

박차정 생가는 한때 영화 '암살[12]'의 감독이 방문하여 시나리오와 주인공에 대한 소재를 얻었다고 해서 유명세를 탔던 곳이다. 박차정[13]은 여성 무장 독립운동가라는 점에서 주목을 받았

12 　최동훈 감독의 2015년 작품. 1933년 나라가 없어진 시대, 대한민국 임시정부의 친일파 암살 작전을 둘러싼 이야기.

13 　박차정 의사는 일제 강점기 여성 독립운동가이다. 동래에서 출생하였고, 독립운동을 하던 숙부, 외삼촌, 오빠 등의 영향을 받아 동래일신여학교 시절부터 학생운동을 주도하였으며 여러 차례 체포, 구금당했다. 졸업 후 근우회 활동을 통해 본격적으로 여성 운동과 민족 운동의 주도층으로 나서게 되었는데, 1930년 전개된 서울 여학생 시위운동 곧 근우회 사건을 배후에서 지도하여 구속되기도 하였다. 이후 의열단원이었던 오빠의 초청으로 중국으로 망명하여 의열단에 합류하고 의열단 단장이었던 김원봉과 결혼하였다. 조선혁명군사정치간부학교를 설립하여 여자부의 교관으로 교양과 훈련을 담당하였다. 이후 여성들을 민족 해방운동에 편입하는 활동을 전개하였으며 조선의용대가 창설되자 조선의용대 부녀

다. 당시 여성이기 때문에 받는 사회적 제약이 있는 현실 속에서도 학생운동은 물론 여성운동을 넘어 민족독립운동까지 나아갔다는 것은 실로 엄청난 일이었다. 특히 중국으로 망명한 이후는 항일 민족독립운동에 주력하였는데, 의열단에 가입하여 활동하고, 조선의용대 창설에 함께하면서 무장하여 항일 전선에 투입되어 전투에 참여하였다. 급기야 전투에서 부상당해 그 후유증으로 해방 직전 죽게 되기까지 그의 삶과 행적은 가히 영화의 주인공이 되고도 남는 것이었다.

박차정 의사를 1970년대의 학창 시절에는 몰랐다. 왜 진작 몰랐을까 하며 자책하는 마음이 생겨나지만 학창 시절에는 이분의 이름조차도 잘 듣지 못했다. 왜 그랬을까? 모교인 동래고등학교는 생가에서 불과 50m 떨어진 거리에 있고, 등하교 때 수없이 이곳을 오갔던 곳인데, 그때는 왜 전혀 몰랐을까? 물론 그때는 이렇게 생가가 꾸며져 있지도 않았고 이곳이 생가로 확인되지도 않았다.

박차정의사가 우리나라에서 독립운동가로 인정을 받은 것은 1995년이었다. 그러니까 해방이 되고 50년이 지난 후라는 사실이다. 왜 그렇게 늦어졌을까? 박차정에 대한 활동이나 공헌을 몰라서 그랬을까? 그때서야 새로운 자료 발굴이 있었기 때문일

복무단의 단장을 맡아 활동하였다. 1939년 2월 강서성(江西省) 곤륜산(崑崙山) 전투에 참가하여 부상을 당하였으며 부상의 후유증으로 1944년 5월 34세의 나이로 생을 마감하였다.

까? 아니면 그 정도의 활동 공로는 독립운동가로 인정할 수 없어서 저울질하다가 늦어진 것일까?

아니다. 박차정은 체포, 구금, 구속을 수차례나 받았기 때문에 그의 독립운동 기록물은 얼마든지 남아 있다. 더구나 의열단, 조선의용대 소속이었기 때문에 그 활약은 이미 학계에도 잘 알려져 있었다. 그럼에도 불구하고 늦어진 이유는 무엇일까?

그것은 '의열단[14]', '조선의용대[15]'에 대한 사실 때문이다. 아이러니한 말인지는 몰라도 가장 선두에 섰던 독립운동단체 중 하나였지만 대한민국에서는 받아들일 수 없는 안타까운 이유가 있었다. 의열단과 조선의용대의 우두머리이자 박차정 남편이었던 김원봉 때문이었다. 의열단과 조선의용대를 이끌며 민족독립운동을 이끌었던 그는 해방 후 귀국하여 남북화합을 위해 애쓰지만, 김구와 함께 남북협상[16]을 위해 북측을 방문하였다가 북측에 남아 버린다. 이후 북한 정부의 주요 요직을 담당하며 북한이 나라를 이루는 데 큰 역할을 하였다. 그랬기에 대한민국 입장에서 김원봉이라는 인물은 받아들이기 어려웠다. 김원봉과 함

---

14   의열단 단원들에 의한 활동은 부산경찰서 폭파 사건(박재혁), 밀양경찰서 폭탄 투척 사건(최수봉), 조선총독부 폭탄 투척 사건(김익상), 종로경찰서 폭탄 투척 사건(김상옥), 도쿄[東京] 니주바시[二重橋]폭탄 투척 사건(김지섭), 동양척식주식회사 및 식산은행 폭탄 투척 사건(나석주) 등을 들 수 있다.

15   1938년 김원봉(金元鳳)이 창설한 한국 독립무장부대. 1942년에 대한민국임시정부 광복군에 편입되었다.

16   1948년 4월 남한만의 단독정부 수립에 반대하는 김구·김규식·김원봉 등이 남북통일정부 수립을 위해 평양으로 가서 북한 측 정치 지도자들과 협상한 일.

께 의열단과 조선의용대에 소속되었던 사람들조차도 오랫동안 독립의 유공자로 인정받는 데 어려움이 있었다. 군사정권이 끝나고 문민정부가 들어선 때였던 1995년이 되어서야 박차정은 개인의 활동 행적을 근거로 독립유공자로 인정을 받게 되었다. 하지만 김원봉만은 여전히 인정받지 못하고 있다.

김원봉. 독립운동에 대한 활동과 공적은 너무나 뚜렷하고 많은 자다. 하지만 월북하여 대한민국을 상대하며 북한의 요직을 차지한 인물이라는 점에 대해서는 대한민국으로선 좋게 봐줄 수 없었다. 때문에 그는 대한민국에선 독립유공자가 아니다. 그렇다면 하나 더 생각하게 된다. 북한에서 인정한 독립운동가와 남한에서 인정한 독립운동가가 다르다는 점이다. 서로가 서로의 나라를 세우는데 유리한 쪽으로 해석하여 독립운동가를 인정하고 있다. 사실 그런 면에서 우리가 관심을 두지 못했던 사회주의 계열 독립운동가들, 그들 또한 민족과 나라를 위해 얼마나 수고하고 헌신하였는가를 볼 수 있어야 한다.

그래서 통일이 되면 어떻게 될까라는 질문을 하지 않을 수 없다. 분명히 통일은 민족이라는 입장에서 서로에게 포용성을 발휘해야 할 것이다. 더 이상 어떤 이념이나 당파, 사상 문제로 시시비비를 가려서는 안 된다. 즉 남한, 북한 입장을 넘어 하나의 민족이라는 입장에서 독립운동 활동 여부를 기준으로 포용성 있게 판단해야 할 것이다. 남한 입장의 독립운동가도 북한 입장의 독립운동가도 분명한 독립활동의 근거가 있는 한 독립운동가로 인정하게 될 것이다.

김원봉의 경우를 다시 짚어 보자. 그의 아내 박차정이 독립운동가로 인정되는 데 50년이 걸렸다. 이유야 어찌 되었든 간에 좀 더 폭넓은 시각에서 보면 50년이 걸렸을지라도 그의 노고를 인정하고 받아들였다는 점에서 대한민국의 포용성을 높이 사게된다. 김원봉의 경우는 어떤가? 이제는 70년이 훌쩍 지났으므로 더 넓은 포용성으로 나아가면 어떤 문제가 있을까? 통일이 되면 더 많은 것을 포용해야 한다는 것을 전제로 생각한다면 미리 배려하는 것이 어렵기만 한 일일까?

박차정 생가는 한 독립운동가의 생가라는 의미를 넘어 많은 것을 시사하고 있다. 여성이라는 사회적 제약을 뛰어넘은 신여성, 여성 무장 독립운동가. 나아가 그에게 얽힌 의열단, 조선의용대에 대한 이야기는 우리나라 독립운동사의 아픔을 상징적으로 보여준다. 하지만 이제는 분단과 통일을 생각게 해주기에 더욱 의미 있는 장소가 되어 있다.

학생항일운동기념탑 앞에서

박차정 생가를 나와 성터를 끼고 또 골목길로 빠져나온다. 큰길 건너 동래고등학교가 보인다. 성터와 골목길의 방향을 재어보니 도로를 가로질러 계속해서 이어지면 동래고등학교 교정의 귀퉁이를 통과하게 된다. 그렇다면 학교 교정의 일부가 읍성 터였다. 교문으로 들어서 읍성의 흔적을 찾아보지만 뚜렷한 흔적은 보이지 않는다. 교정 내에 과거 성돌이었을 것으로 보이는 정원석은 많이 보인다. 그렇지만 단정할 수는 없다.

읍성이 통과할 만한 자리 즈음에 '항일운동기념탑'이라는 기념물이 세워져 있다. 결코 그냥 지나갈 수 없는 기념탑임을 잘 알기에 옆에 세워진 안내판을 찬찬히 읽어 본다. '부산학생항일운동'이라고 하는 속칭 '노다이 사건'에 대한 이야기이다.[17]

1940년이니까 일제가 전쟁을 일으키고 온갖 미친 짓을 할 때이다. 학교를 군대처럼 다루었고, 학생들을 군인으로 키워내는데 목표를 두고 있었다. 그중 하나로 '전력증강국방경기대회'라는 이름으로 전쟁놀이와 같은 군사훈련 시합을 마련하여 학교끼리 경쟁을 시켰다. 하지만 이것도 시합인지라 한국인 학교와 일본인 학교 간의 민족 싸움에서는 결코 질 수 없는 시합이었다. 어쩌면 평소 늘 차별과 멸시를 당한 것에 대한 울분을 정당하게

---

17   부산학생항일운동은 1940년 11월 23일 당시 동래중학교(현 동래고)와 부산제2상업학교(현 개성고) 3~5학년생 중심으로 1천200여명이 참가한 운동이었다. 일제는 당시 '학교병영화' 정책의 하나로 부산 공설운동장(현 구덕운동장)에서 부산, 경남 일대 한국인, 일본인 학생을 동원해 '전력증강국방경기대회'를 열었다. 일본인들은 지난해 우승학교(동래중)였던 한국인학교의 우승을 막고 일본인 학교가 우승하도록 하기 위해 편파적인 판정을 한 것이 사건의 시작이다. 대부분의 경기에서 동래중학교가 일방적으로 앞섰음은 물론이거니와 마지막의 장거리 경주를 남겨 놓은 시점에서 동래중학교가 실격을 당해 패하더래도 0.5점이 앞서는 상황이었다. 그런데 경기가 끝나고 마지막 점수를 계산한 결과는 뜻밖에 부산중학교(현 부산고)가 1위로 판정이 났다. 이에 동래중학교 김영근 교사를 중심으로 한 학생들은 한국인에 대한 차별이라고 강력하게 항의하였으나, 심판장 노다이는 심판의 권위를 운운하며 받아주지 않았다. 이에 분노한 동래중학교와 부산제2상업학교 등 한국인학교 학생들

표현하는 방법이 시합에서 이기는 것이기도 했다.

당시 부산에서 한국인학교를 대표하는 학교는 동래중학교(현 동래고)와 부산제2상업학교(현 개성고)가 있었다. 이에 반해 일본인 학교는 부산중학교(현 부산고)였다. 경기는 내내 한국인 학교가 압도적인 우세를 거두고 있었다. 관중석에서만 보아도 1위로 들어오는 학생들의 수는 한국인 학생들이 절대적이었기 때문에 쉽게 판단될 수 있는 일이었다. 당연히 우승은 작년도 우승 학교인 동래중학교일 것이 확실했다. 하지만 결과는 달랐다. 부산중학교가 우승으로 선언되었다. 편파적이고, 차별적인 판정 때문이었다. 당연히 우승이었는데 심판의 부정과 차별로 인해 눈앞에서 우승을 놓치게 되자 학생들의 분노는 폭발하고 말았다. 평소에 차별과 멸시를 당한 것에 대한 울분이 같이 폭발하였다.

동래중학교와 부산제2상업학교 학생들을 비롯하여 한국인 학생들은 구덕운동장에서 길거리로 나가 어깨동무를 하고 대신동, 보수동을 행진하였고 일부는 영주동에 있는 심판장 노다이 집에 돌 세례를 퍼붓기도 하였다. 그러고도 울분이 가시지 않은 학생들은 한국민요와 가요를 부르며 행진하였고 걸어서 서면,

---

은 운동장을 빠져나와 밖에서 정렬한 뒤 어깨동무를 하고 우리 민요를 부르며 거리를 행진하기 시작했다. 학생들은 대신동에서 보수동을 거쳐서 영주동 터널 오른쪽에 위치한 노다이 집으로 몰려가서 돌 세례를 퍼부었다. 일련의 사건이 끝난 후에도 학생들은 걸어서 동래까지 행진을 계속해 갔으며 밤 10시까지 계속하였다고 알려지고 있다. 이에 부산헌병대는 각 경찰서에 지시를 내려 귀가하는 학생들을 대거 검거하였는데, 이후 동래중학교와 부산제2상업학교 학생 중 총 200여 명이 검거되었고, 또한 일본의 압력에 못 이겨 두 학교는 자체적으로 학생 처벌을 하였다. 그 숫자는 퇴학 총 21명, 정학 44명, 견책 10명이었다.

동래에까지 이르렀다고 한다.

이 사건은 일제강점기 말에 일제의 차별에 대항하여 학생들이 일으킨 대규모 항일민족운동이었다.[18] 대신동에서 남포동을 거쳐 서면, 동래에 이르기까지 부산의 중심 지역을 통째로 관통하는 곳으로 이어졌던 엄청난 사건이었다. 참여한 학생만도 1,200명 정도였으니 모를 사람이 없을 정도의 대규모 사건이었다. 하지만 일제의 언론 탄압으로 인해 이 사건에 대한 신문 기사는 어디 한 군데도 실리지 않았다. 다른 지역으로 퍼져나가는 것을 절대적으로 두려워했기 때문이다.

동래고등학교 교정에 있는 학생항일운동기념탑

18　부산광역시에서는 이 날을 기념하여 11월 23일을 '부산 학생의 날'로 지정해 두고 있다.

기념탑은 불의와 차별을 향해 부르짖는 5명의 학생 동상을 가운데 두고 사방으로 11개 돌기둥이 둘러선 모습이다. 사건의 크기만큼이나 의미가 있는 기념물이다.

1970년대 글쓴이의 학창 시절에는 이런 기념탑이 없었다. 그러나 이보다 더 귀중한 분이 계셨다. 이 사건의 주도자였던 남기명 선생님께서 한문을 가르치고 계셨다. 한번은 어떤 선생님께서 '너희들 한문 선생님이 노다이 사건의 주도자 중의 한 사람 아이가!'하면서 우리를 놀라게 하였다. 그러면서 '아직도 노다이 사건 이야기를 못 들었나?'고 물으시는 것이다. '예'라고 대답하니까 이 사건에서 자신을 나타내지 못하는 남기명 선생님을 타박하셨다. '자신의 일이니까 말씀을 못하시는 거지. 자신의 일이니까!'라고 푸념 조의 말씀을 늘어놓으시고는 노다이 사건의 전모를 정말 흥미진진하게 설명해 주셨다. 그리고 나서 '노다이 사건에 대해선 남기명 선생님께 더 자세히 잘 들으라'고 하셨다.

그 이후 기회가 되어 남기명 선생님으로부터 직접 '노다이 사건'을 듣는 기회가 있었다. 그러나 선생님의 이야기는 그렇게 흥미진진하지 못했다. 이미 한번 들었기 때문에 그럴 수도 있겠으나, 선생님께서는 힘을 주어 이야기하기보다 있는 사실에 초점을 두어 이야기하셨다. 한문을 가르칠 때나, 우리 보고 공부하라고 호통칠 때의 목소리가 아니었다.

그렇다. 자신의 일이니까 그런 것이었다. 차별과 불의에 대한 항거로 대신동에서부터 남포동, 서면을 거쳐 동래까지 이르는 분노의 행진에는 누구보다 앞장섰지만, 누구에게 자랑하기 위해 한 것은 아니었기에 자기 자랑 같은 이야기를 늘어놓는 것은 부담스러웠던 것이다.

수많은 독립운동가들도 그랬을 것이다. 그들에게 독립운동은 당연한 것이었다. 그랬기에 목숨을 걸고 싸웠다. 어떤 자랑이나 보상이나 인정을 바라고 한 것이 아니었다. 시대가 변하여 그렇게 한 일이 자랑이 되고 공적이 되었다 할지라도 그것을 자신이 자랑하고 드러낼 수는 없는 것이었다. 이것이 인간으로서의 진솔한 심정이기도 하다. 그러기에 이 땅에 독립운동가는 스스로 자랑하는 자가 아니다. 자신이 독립운동을 했다고 이야기하지 못할 뿐 아니라 하지도 않는다. 그 후손도 마찬가지다. 그렇게 산 것에 만족하고 더욱 겸손히 사는 사람들이다.

동래읍성 평지길 막바지에

동래읍성 평지지역의 성터도 막바지다. 동래고등학교 교문을 나서 동래고등학교 뒤 담벼락이 있는 곳으로 향한다. 뒤 담벼락으로 접어드니 망월산 동장대로 이어지는 골목길이 나타난다. 골목길 따라서 우측으로 나란히 놓인 5채의 집이 이어진다. 집의 크기와 놓인 방향이 성터와 신기할 정도로 일치하고 있다. 성터를 집터로 삼은 오롯한 흔적이 이곳에서도 나타난다. 동래

일렬로 놓인 성터 위의 집 모습

읍성 평지지역에서 마지막으로 남겨진 성터의 흔적이다. 그렇다면 이 골목길은 마지막 성안길이다. 골목길을 나가 2차선 도로(동래로)를 건너면 동래읍성 산지지역으로 접어든다.

동래읍성 평지길을 다 돌아보았다. 읍성이 남겨 놓은 길이라고는 하지만 드러나 보이는 것도 없고 쉽게 찾을 수 있는 것도 없었다. 실마리 같은 흔적 하나하나를 추적하면서 걸어 볼 수 있었다. 성안길, 성밖길이 변한 골목길, 성터가 변한 집터와 도로. 읍성은 흩어지고 없어졌지만 길은 남겨져 있었고 성터 위에 지은 집은 남아 있었다. 그런 길과 성터 위를 오늘도 사람들은 오가며 살아가고 있다. 이곳이 성터였다는 사실을 알든 모르든 주어진 공간을 비집고 살아가고 있다.

우리의 삶이 결코 그저 탄생한 것이 아닌 것이다. 우리의 삶은 누군가의 삶터 위에 살고 누군가의 삶을 이어가고 있다. 또 누군가에게 물려주고 또 누군가가 이어갈 것이다.

II. 역사의 아픔을 품은 곳

1

부산 제일 남쪽
외양포, 새바지, 천성 마을

외양포, 새바지, 천성 마을은 아름답고 평화로운 천혜의 자연환경을 껴안은 마을이다. 그 속에 우리 역사의 아픔을 또렷이 담고 있는 유적이 보존되어 있다. 이곳이 유적지라는 사실 이전에 사람들은 오랫도록 마을을 일구며 살아왔다. 오늘도 사람들은 여전히 살아가고 있다. 아름다운 자연과 아픈 역사의 유적지를 품고서 앞으로는 어떤 삶의 공간이 펼쳐질까?

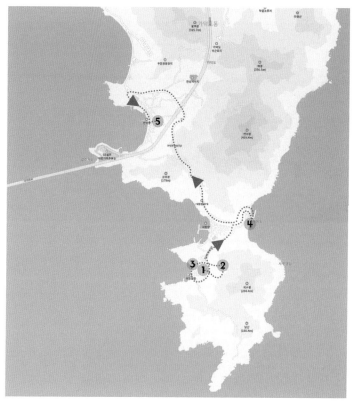

© 네이버 지도

① 포진지 → 300m 도보 15분 → ② 화약고 → 300m 도보 15분 → ③ 외양포 마을

→ 2km 차량 5분→ ④ 새바지 마을 → 4km 차량 10분 → ⑤ 천성진성

포진지, 그때 만들어진 그대로

포진지

외양포,

일본군 포병주둔지가 지금도 남아 있다고 하는데 어떤 곳일까?

부산에서 가장 남쪽 섬 가덕도에서도 제일 남쪽에 있다. 부산 도심지에서 1시간은 족히 운전을 해야 도착할 수 있는 곳이다. 어느 타지로 가듯 마음을 먹고 나서야 한다. 그래도 가덕대교가 놓이고 거가대로가 만들어지면서 외양포로 가는 길은 매우 수월해졌다. 최근에는 가덕도의 맨 끝자락인 대항에서 외양포로 가는 왕복 2차선 도로까지 생기면서 외양포로 접어드는 길은 어느 시골마을에 가는 것과 전혀 다르지 않다.

외양포 마을의 바닷가 방파제 가까운 곳에 주차를 하고, 마을 입구에 들어서면 안내판이 여럿 보인다. '포진지'라는 길 표지판을 따라 마을 뒤쪽 언덕으로 난 오르막길을 따라 걷는다. 길 옆에는 오래된 일본식 집이 그대로 남아 있다. 창문마다 달려있는 눈썹지붕이 신기하다. 길을 걷다 보면 얼마 지나지 않아 포진지에 도달한다.

입구에 들어서기 직전에 등장하는 화장실터. 원래의 모습을 머릿속에 그려보느라 한참을 고민하게 된다. 재래식 공동화장실의 전형적인 모습이다. 남아있는 구조물 위에 가랑이를 벌리고 앉아 야릇한 포즈를 취해 보노라면 절로 웃음이 난다. 그곳을 우측으로 돌아 들어가면 바로 포진지이다. 그 입구에 '사령부발상지지(司令部發祥之地)'라는 비석이 떡하니 버티고 있다. 또한 부대 막사 2곳, 포진지 6곳, 탄약고 3곳, 이곳을 둘러싸고 있는 엄폐 시설들이 100여 년 전의 시간을 옮겨 놓은 듯 펼쳐진다.

'와! 이런 곳에 그때 만들어 놓은 것이 그대로 있다니, 정말 놀랍다. 이게 일본군 포병 시설이란 말이지. 정말 치밀하게 해 놓았구나.'

이곳저곳, 구석구석을 돌아보는 동안 누구나 이런저런 생각에 빠져 할 말을 잃게 된다. 정말 단단하게 잘 만들어 놓았다. 이곳 탄약고는 배수시설까지 완벽하게 해 놓았다. 포병시설을 엄폐하기 위해서 인공 언

사령부발상지지 비석

덕도 쌓아 놓았다. 이것이 일본인이 우리를 지배하기 위해 만든 것인가라는 생각을 하면 숨이 턱 막힌다. 쉽게 진정되지 않는 가슴을 안고 이곳에 이런 시설이 있게 된 경위를 알아보지 않을 수 없다.

1904년, 조용한 어촌마을 외양포에 진해만 요새 사령부[1]가 들어서기 시작했다. 그들은 먼저 마을 주민들을 쫓아내고, 마을 전체를 군의 진영으로 만들었다. 해방 후 그들이 떠나면서 군부대는 사라져 버렸지만 만들어진 포병주둔지와 군의 진영 시설물은 그대로 남게 되었다고 한다.

1904년이라면 일본이 러일전쟁을 일으킨 해이다. 러시아와의 격전을 대비하기 위한 시설물이었다. 다행히 실제 격전은 쓰시마 해협 쪽에서 일어나고 이곳 가까이에서는 일어나지는 않았던 모양이다. 그런데 그 시점이 이상하다. 일제강점기가 시작되기 전부터 이곳이 그들의 요새로 만들어졌다는 것이다. 어찌 된 것일까?

그렇다. 이 시기 일본은 이미 조선을 그들 마음대로 유린하고 있었다. 그들은 조선을 완전한 지배 속에 넣기 위해서 한국인이나 대한제국 정부보다 그들과 마지막까지 경쟁하고 있는 러

---

1 1904년 러일전쟁이 일으키고 일본은 군사전략적 요충지로 선정한 외양포에 군사시설을 대대적으로 구축하였다. 12월에 진해만 요새 포병대대 제2중대가 주둔하기 시작하여, 1905년 4월에는 사단급의 진해만 요새사령부가 이곳에 편성되어 대대급 이상 규모가 주둔하였다. 1909년 8월 사령부는 마산으로 이전하였으나 포병주둔지는 계속되었다. 이 시설은 이후 일제의 패망까지 활용되었을 것으로 보인다.

시아가 신경 쓰였을 뿐이었다. 그래서 자신의 전쟁을 위해 치밀한 계획 속에 대한제국의 땅과 백성을 마음대로 이용하고 있었다. 우리 정부의 반대나 백성의 불만 정도는 제국주의 힘으로 밀어붙이면 되는 것이었다. 당시 힘없는 대한제국 우리 정부는 버젓이 있었지만 땅과 백성들이 내몰려도 속수무책이었다. 그렇게 놀림당하고 있었다는 사실을 증명해 주는 곳이 바로 이곳이다. 정말 아프다. 약자가 당하는 설움이란 바로 이런 것이다. 과거 역사 속 한 사건이지만 지금 내가 당한 듯 쓰라리다.

아픈 마음에 몸 둘 바를 모르겠다. 마음을 추스르고 제2막사 안에 전시된 사진을 자세히 보게 된다. 사진은 당시의 군사시설이 이곳 포병주둔지만으로 끝이 아니라는 것을 보여주고 있다. 외양포 마을 전체가 군사시설이었으며, 뒷산 국수봉에도 관련 군사시설이 또 있다고 하고 있다.

제2막사

감춰진 비밀 장소, 화약고

그러면 마을 전체를 돌아봐야 한다. 가능하면 국수봉도 올라 보면 좋겠다. 그래야 당시를 더 구체적으로 경험할 수 있을 것이다. 일단 국수봉을 먼저 오르는 게 좋겠다. 안내판을 자세히 보니 화약고, 관측소, 산악포루가 있다는 표시가 있다. 마을을 동쪽으로 감싸 안고 있는 국수봉은 눈짐작으로 한 시간은 걸릴 것 같다. '어쩌지?' 좀 더 자세히 보니 산꼭대기에 있는 관측소와 산악포루[2]는 멀다. 그러나 300m 거리에 있는 화약고는 가봐도 괜찮을 것 같다. 가 보자.

화약고

포병주둔지에서 뒷산 쪽으로 가는 길이 나 있다. 새로 난 도로를 건너 산으로 올라갈 수 있도록 만들어진 길[3]이다. 길을 따라 들어서니 화약고로 가는 이정표가 잘 표시되어 있다. 사람들이 잘 가지 않아 우거진 숲속으로 들어서는 것 같다. 갈수록 다소 음침하게 느껴진다 싶더니 얼마 지나지 않아 감춰진 곳을 탐험하여 발견한 듯 화약고 터가 '짜잔~'하고 나타난다.

---

2   관측소와 산악보루를 가려면 등산을 각오해야 한다. 관측소와 산악보루가 산꼭대기에 있기 때문인데, 말길이 잘 나있기 때문에 산길치고는 걷기 좋다. 해발 250m의 가파른 산이지만 등산을 왔다는 마음을 먹고 지그재그로 한참을 가면 등산 이상의 좋은 볼거리를 볼 수 있다.

3   이 길을 말길이라고 하는데, 주둔지의 장교가 말을 타고 순찰을 하였다고 붙여진 이름이란다.

'와~! 이런 곳에'

산속으로 몇 발짝 들어오지 않았는데도 매우 깊은 산속에 온 느낌이 확 든다. 토축, 석축, 콘크리트 줄기초, 기초석, 배수로 등이 완연하게 남아있다. 주변의 산세를 잘 이용하여 엄폐와 위장을 매우 잘해 두었다. 짧은 거리지만 돌고 돌아서 들어오도록 만들어져 있다. 화약고 입구에서 30m쯤 못 미친 지점에는 말을 탈 때 사용하는 받침돌까지 정교하게 만들어 놓았다. 그들은 얼마나 치밀하고 계획적으로 만들어 놓았는가! 주위에서 결코 잘 볼 수 없는 구조물, 그 분위기, 그래서 더 특별해 보이는 것이다. 오기를 잘했다는 생각이 절로 든다. 뒤돌아 내려오면서 산꼭대기에 있는 '관측소, 산악포루'는 마음먹고 다시 한 번 올 요량으로 마을로 내려온다.

1904년의 마을, 외양포

주차장이 만들어져 있는 언덕에서 내려다보는 외양포 마을은 평화롭기 그지없다. 부산에서 제일 남쪽 끝 마을이다. 펼쳐진 바다를 앞에 두고 어느 어촌 마을만큼이나 아름답다. 군데군데 파란색 지붕의 집들이 보이고 사이사이 텃밭이 보인다. 바다 저 멀리 거제도가 보이고 거가대교도 보인다. 마을 뒤로는 산이 둥글게 감싸고 있다. 이런 곳이라면 전원생활을 해도 충분히 좋

외양포 마을

을 것 같다. 최근에 왕복 2차선의 외양포로가 생겨나서 접근성
도 매우 좋아졌으니 전망 좋은 곳에 집만 지으면 아무것도 부족
하지 않을 것 같다.

　아까 보았던 100여 년 전 포진지 시설을 옆에 두고 마을로
들어선다. 가까이 가서 보니 집은 최근에 새로 지어진 듯 색깔이
선명하다. 파란색 지붕은 상큼하게 보인다. 아직도 보수하지 않
은 채 버려진 폐가처럼 보이는 집도 있다. 그런데 집 울타리나
담벼락이 보이질 않는다. 집들이 옹기종기 모여 있다는 느낌이
들질 않는다. 우리나라 여느 시골 마을과 좀 다른 모습이다. 어
찌 된 것일까? 마을의 길마다 붙여 놓은 표지판이 있고, 몇몇 건
물 앞에는 그것을 소개하는 안내판이 만들어져 있다. 이 집들이
군부대시설이었음을 알려주고 있다. '아니! 그렇다면 이곳에 있

는 모든 것이 100여 년 전의 모습이란 말인가!'

미심쩍은 마음에 마을 주민에게 직접 물어보았다. 아니나 다를까 이곳은 군부대시설이 들어선 그때 그대로란다. 외양포 마을은 모든 땅과 시설물이 아직도 군 소유로 되어 있고, 주민들은 군 소유지에 들어와 살고 있을 뿐이다. 개인 소유권이 없으니 원래의 건물과 건물터를 훼손할 수 없다. 살아가기 위해 내부 시설은 일부 변형이 있을지라도 건물의 모양과 바깥 시설의 모든 형체는 그대로 지금까지 이어왔단다.

그래! 정말 특별한 동네다. 마을 안 구석구석을 돌아본다. 100년을 넘게 버티고 서 있는 집들이다. 그뿐 아니라 길, 배수로 등 어느 것 하나 변형되지 않았다. 헌병대, 사병의 집, 장교의 집이 꼭 새집 같아 보이지만 외부만 새로 덧대어 놓은 것이다. 아직도 2-3군데의 집은 일본식 기와에 눈썹지붕을 달고 있다. 요것은 목욕탕, 요것은 우물, 요것은 또 뭘까? 창고인가? 꼭 '외양포 마을에서 과거의 흔적 찾기'라는 미션을 수행하는 것 같다. 집과 집 사이에 공간이 많이 있는데도 새로운 건물은커녕 돌담조차 만들지 않았다. 그래서 길거리에서부터 집 마당과 밭이 하나로 연결되어 있다. 살아가는 모습이 적나라하게 드러나 보인다. 멀리서 봐도 집집마다 그 속살까지 다 보이는 것 같다. 그래서 전체적인 경관은 좀 혼란스럽다.

외양포 마을을 살아가는 사람들, 그들은 이곳을 잠시 다녀가는 우리와는 생각이 완전히 다를 것이다. 그들에게 과거의 흔

눈썹지붕

사병의 집

무기고

창고

우물

목욕탕

적은 중요한 것이 아닐 수 있다. 오히려 삶의 방해꾼이요, 삶을
불편하게 하는 도구일 수 있다. 아무리 귀한 과거의 흔적이라도
내 것이 아니니 밀쳐내듯 내놓고 있을 수밖에 없다. 과거의 흔적
을 품고 아름답게 어우러져 살아가는 곳이 되었으면 좋겠다는
생각을 해본다. 현재의 삶 속에 옛 것을 담아낸 새로운 창조가

있는 공간이면 더 좋겠다. 너무나도 또렷이 남겨진 옛 터전, 이 독특한 경관, 이곳이 주민들의 삶과 어우러진 공간이 될 순 없을까? 새롭게 창조되는 공간으로 변화될 순 없을까? 그렇게 되기 위해선 분명 어떤 의도된 손길이 있어야만 하겠다.

현재 외양포 마을에는 군사 시설이 전혀 없다. 또다시 군사 시설로 사용할 가능성도 없다고 본다. 그러면 마을 주민들의 삶을 위해서는 불하하는 것이 마땅하지 않을까? 지금까지 살아온 사람들이 보다 나은 삶을 살 수 있도록 배려함이 옳지 않을까? 물론 그렇게 된다면 현재에 남아 있는 100년이나 된 구조물들은 언제 그랬냐는 듯이 순식간에 없어져 버릴지도 모른다.

아니면 군·관청에서는 소유권자답게 주도적이고도 적극적인 역할을 해야 한다. 이 마을 전체를 교육과 관광 자원으로 삼으면 어떨까? 대항에서 외양포로 넘어오는 '외양포 생태터널' 앞에서 모든 관람객을 통제하는 입구를 마련하고 외양포 마을과 포병주둔지와 국수봉에 올라 화약고, 관측소, 산악포루를 돌아보는 코스를 엮어 교육과 관광 자원으로 삼는 것이다. 물론 이렇게 한다면 이곳을 살아왔고 지금도 살고 있는 사람들이 삶터를 희생하여야 한다. 당연히 이들을 위한 배려가 선행되지 않으면 이뤄질 수 없는 부분이다. 비용이 많이 드는 일이다. 그렇더라도 충분히 시도해볼 만한 가치가 있다고 여겨진다.

이보다 더 좋은 것은 외양포 마을공동체가 주체가 되어 이 자원을 직접 운영하는 것이다. 주민들이 삶터를 잃지 않으면서 자원으로 활용해 간다는 두 마리 토끼를 잡는 격이다. 그러려면 주민들이 과거의 흔적과 같이 하면서 동시에 품어 내는 일에 적극 나서야 한다. 물론 100년 넘은 낡은 건물 속에 살아가야 한다는 힘겨운 부분이 있겠지만 이것이 훌륭한 자원이라는 인식하에 생산적으로 활용하는 것이다. 여기에 군·관청은 당연히 주민의 자율적 활동을 유도해 내어야 한다. 또한 그것이 가능하도록 필요하다면 적극적으로 지원해 주어야한다.

어찌 되었거나 현재는 이것도 저것도 아닌 상태다. 그래서 주민들은 1904년의 공간에서 2020년을 살아가고 있다. 주민을 위한 배려가 전혀 없다는 점이 아쉽기만 하다. 더 기다릴 것 없다. 현재를 살고 있는 주민을 위해 이 땅의 주인인 관이 적극적으로 나서야 한다.

부산시에서는 2008년 이 지역을 갈무리하는 일을 했다. 이곳을 왕래하는 사람들에게 최소한의 배려라는 입장에서 안내판을 설치하고 길 정리를 해 놓았다. 가장 소극적인 관리만 한 채로 멈춰 버렸다. 이곳에서 살아가는 사람들을 외면해 버렸다.

외양포 마을. 처음에는 놀람과 아픔에 떨리다가, 다음엔 평화와 아름다움을 품게 하더니 끝내는 안타까움과 아쉬움을 안고 돌아서게 한다.

일본군의 잔재는 대항 새바지 마을에도 있다고 하여 그곳으로 발길을 돌린다.

새바지 인공동굴은 왜 만들었을까?

외양포 마을을 나와 대항 새바지[4] 마을로 가는 길은 차로 5분이 걸리지 않는다. 터널을 지나 언덕을 넘어 동쪽으로 포구가 있는 마을이다. 이미 언덕 위 바다 전망 좋은 곳에는 펜션 서너 채가 들어서 있고, 포구 가까이로 내려오니 방파제 주변으로 낚시꾼들의 차량이 즐비하다. 북쪽 끝에 있는 공용주차장을 찾아 주차를 하고 남쪽으로 걸어가니 남쪽 언덕 아래에 3개의 동굴이 바로 보인다.

'앗! 저것이구나!' 동굴 입구만 봐도 누구나 인공 동굴이라는 것을 알 수 있다. '아, 그런데 동굴 입구가 왜 저래!' 놀람과 함께 한숨이 절로 나온다. 최근 관광객을 돕는다는 차원에서 데크로 된 계단과 단을 만

새바지 마을 인공동굴 입구

들어 두었는데 그것이 동굴의 입구를 가려버렸다. '뭘 저렇게 만들어 놓았지, 무슨 생각으로 해 놓은 꼴이란 말인가!' 실망스러운 마음이지만 일단 단 위로 올라서니 동굴 입구가 완연하게 나

---

4 '새바지'의 새는 동쪽을 뜻하고 바지는 받이의 구개음화 현상이다. 따라서 새바지는 동쪽 받이, 그러니까 새바지 마을은 '동쪽의 해를 받는 마을'이라는 뜻이다. 말 그대로 새바지 마을은 동쪽으로 바다를 두고 있어 아침에 해가 뜨면 바로 마을을 비추게 된다.

타난다.

1945년 태평양전쟁의 막바지에 연합군의 상륙작전에 대비하여 방어시설로 파 놓은 것이란다.[5] 굴의 높이와 폭은 1-2m 정도여서 2 사람 정도가 같이 다니기 딱 좋은 크기이다. 3개의 입구 중 어느 맘에 드는 곳을 골라 들어서도 결국 한 길로 빠져나가도록 되어 있다. 그래서 입구는 3개지만 출구는 1개다. 다만 출구 쪽 다른 한쪽 구석에는 연합군의 상륙에 맞서기 위해 기관총을 거치하여 조준 사격할 수 있는 총구멍까지 만들어져 있다. 총구멍 앞에 서면 바깥 해안선이 보이고 이를 바라보고 있으면 묘한 심정이 일어난다. 기관총을 얹어 놓고 상륙자를 향해 쏘는 상황이 바로 연상된다. 참으로 기가 막히게 멋진 구도다. 하지만 쏘는 입장과 달리 상륙하는 자는 멋모르고 당하게 된다는 무서운 생각이 온몸을 뒤덮는다. 얼른 발걸음을 옮겨 출구를 향한다.

동굴의 출구를 빠져나오는 순간, 완전히 또 다른 세계를 경험한다. 펼쳐진 경치는 가히 '도깨비가 나타났다'고 외칠 정도로 놀라움 그 자체이다. 눈앞에 펼쳐지는 몽돌 해안, 탁 트인 바다, 그리고 해안선과 해안 절벽, 이어지는 산은 세상 어느 곳과 비교할 수 없을 만큼 아름다운 모습이다. 지금까지 이런 곳이 천연의

5 　이러한 인공동굴은 새바지 마을 외에도 대항 마을 해안 절벽에 10여 곳, 외양포 뒷산 국수봉 아래쪽에도 여러 개가 있다고 알려져 있다. 1945년, 연합군이 일본 본토보다 한반도에 상륙하여 거꾸로 일본을 공격한다는 첩보가 입수되자, 부산과 주변 해안에 미군상륙작전을 대비하기 위한 방어시설로 만들어졌다. 전국의 광산기술자를 징발하여 그들의 희생 속에 만들어졌다.

새바지 인공동굴 출구에서 보는 몽돌 해안

상태로 남아 있는 것이 감사하기만 하다. 멀리 국수봉 산허리에
는 또 하나의 인공동굴 모습도 보인다. 쉽게 접근하기는 어려워
보인다.

새바지 몽돌해안의 경치를 보며 한동안 넋을 잃고 바라본
다. 마냥 이 경치에 취해있고 싶다. 정말 좋다. 출렁이는 바다의
움직임에 반응이나 하듯 몽돌 한 개를 들고 물수제비를 떠 본다.
바다를 향해 그동안의 묵은 마음을 날리듯 고함을 쳐보기도 한
다. 하지만 거대한 자연은 던진 물수제비와 외친 고함을 순식간
에 삼켜버리고 여전히 그대로의 모습을 뽐내고 있다. 출렁이는
파도와 펼쳐진 해안이 마음을 풍성하게 한다. 속에 감춰진 생동
감이 절로 일어난다. 카메라를 들어 당장 사진도 찍어 본다. 이
런 곳은 더 오래도록 마음에 담아 두고 싶다.

그런데 이렇게 아름다운 곳이 가까이 있다는 것이 일면 부

끄럽기만 하다. 왜 일까? 알아주지 못해서일까? 아니면 그동안 알지 못한 것, 이제야 보고 느끼게 되었다는 늦깎이의 회한일까? 아니다. 좀 더 아끼고 돌보아주지 못한 것에 대한 미안함일 것이다. 아니면 이렇게 좋은 것을 앞으로 더 잘 갈무리하지 못할 것 같은 염려가 앞서기 때문일 것이다.

그동안 아름다운 자연이 쉽게 무너지고 없어져버리는 것을 너무나 많이 보아왔다. 정말 아름다운 것을 아름답다고 불러주지도 못하는 사이에 이미 다른 것이 되어갔다. 이 아름다운 것을 더 품어주어야 한다는 마음이 가득하지만 이미 자신이 없다. 그래서, 그래서… 그 부끄러움이 파도같이 끝없이 밀려온다.

천성진성 남쪽 부분

천성진성의 복원을 기대하며

새바지 마을의 아름다움에 놀란 마음을 안고 차에 올라 천성으로 향한다. 천성진성(鎭城)이 있다고 하는 곳이다. 이곳 천성 땅에 조선시대 부대인 진(鎭)이 있었는데, 이 부대를 방어하기 위해 쌓아 놓은 성이 천성진성[6]이다. 조선말기 진(鎭)이 없어지면서 있던 성은 아무도 사용하지 않는 상태가 되었고 그렇게 해서 지금까지 이르고 있다.

천성 포구 해안가 가까이 차를 대고, 골목 같은 길을 따라 안쪽으로 꼬불꼬불 100m 정도 걸어간다. 제법 오래된 굵은 나무가 가지를 잃고 일렬로 서 있는 곳, 그 옆으로 난 길을 따라 가면 천성진성의 서문터를 만나게 된다. 그곳에는 이곳이 천성진성이 있었음을 알리는 안내판과 함께 유난히도 눈에 띄게 흰색 칠이 된 돌비석에 '진충보국(盡忠報國)[7]'이란 글이 또렷이 보인다. 그리고 무성한 잡목과 풀 속에 있는 성터를 볼 수 있다.

천성진성 서문터 앞

---

6   1510년(중종 5) 삼포왜란 이후 천성지역 진영(鎭營)을 설치하자는 논의가 있은 이후 1544년(중종 39)에 사량진왜변이 일어나자 방어의 필요성을 절실히 깨닫게 되었다. 이때 바다 쪽으로 돌덩이를 채워 병선(兵船)을 보호하는 시설과 함께 진보(鎭堡)를 세우고 수군(水軍)을 주둔시켰다. 처음에는 가덕진 소속이었으나 천성진으로 승격되었다. 임진왜란 때 한때 왜군에게 함락되었다가 복구되었으며 조선 말기까지 군사요충지였다.

7   盡忠報國(진충보국) : '충성을 다하여 나라에 보답한다'는 뜻이다.

'여기가 천성진성이구나!'

그러면서 내뱉어지는 첫마디는 '아… 완전히 버려져 있구나!'이다.

너무나 방치된 상태에 또 달리 놀라지 않을 수 없다. 남아 있는 성벽과 성돌이 눈앞에 들어오고, 안으로 난 길을 따라 성안의 모습을 둘러보게 된다. 성안의 땅은 대부분 농경지로 이용되고 있다. 성돌은 치워지지도 없어지지도 않은 상태 그대로 재여 있다. 잡목이 좀 우거진 곳을 제외하면 성돌이 놓인 곳을 확인할 수 있고, 성 위를 걸을 수 있는 곳도 많이 남아 있다. 누가 봐도 성의 윤곽과 형체를 확인할 수 있다. 4개의 성문지와 옹성, 치성도 보이고 해자까지 추측이 가능하다. 눈짐작을 해도 성의 전체를 거의 완전하게 파악할 수 있을 것 같다.

천성진성의 흔적과 성안의 농경지 모습

'왜 이렇게 버려 놓았을까?' 성터를 따라 잡목 사이사이를 걷다 보면, 이곳에 도착했을 때 당장 떠오른 질문이 사라지지 않는다. '어떻게 이렇게 방치해 놓을 수 있는가! 이렇게 버려둬도 좋을 만큼 가치가 없단 말인가! 부산의 역사를 소개하는 자료에는 빠짐없이 등장하는 곳이지 않은가? 정말 이렇게 해 두어도 되는가! 보호 관리가 충분히 가능할 것 같은데…. 관리할 의지가 없는 것인가! 정말 그런 걸까?' 아쉬운 마음이 잔뜩 앞을 가린다.

이유를 불문하고 적극적으로 관리에 나서야 한다. 당장 성을 온전한 형태로 복원하는 것이 무리가 된다면 최소한 있는 그대로 성터라도 정돈하고 정비하여 깨끗하게 해 두어야 한다. 그래서 이곳 마을 주민들이 성과 어울려 살 수 있도록 해야 한다. 마을 주민뿐 아니라 지나가는 사람이나 관광객들이 이곳에 와서 둘러보고 지난날 진성의 모습을 그려보고 유추하여 당시의 모습을 상상할 수 있도록 만들어 두어야 한다. 그것이 지금의 삶을 더 풍성하게 살아갈 수 있게 하는 한 부분이 되기 때문이다.

이를 위해 뭐 더 특별한 조치가 필요할 것 같지도 않다. 외양포 포병주둔지가 관리되는 것과 같은 정도이어도 충분하겠다. 그러면 느끼는 것은 다를 것이다. 일본군 진지에서 조차 느낀 감정이 남달랐는데, 더 오래된 조선 수군의 진지마저 오롯하게 볼 수 있다면 또 어떻겠는가!

더 나아가 이런 생각을 해 본다. 천성진성을 원래의 모습으로 완전히 복원해 놓으면 어떨까?

이곳은 다행히 성터 안에 주민이 전혀 거주하지 않는다. 성벽 바깥으로 붙어있던 버려진 교회 건물도 최근에는 사라져버렸다. 다른 성터 지역보다 재산권 문제가 매우 적을 것 같다. 현재 남아 있는 성터도 기초석들은 거의 완전한 형태다. 이미 유적지로서의 기초조사는 다 되어 있을 것이므로 옛 모습을 회복하는 데는 어려움이 없을 것 같다. 부산의 수많은 성 중에서 복원 가

능선이 가장 높아 보인다. 조선시대의 온전한 성의 형태가 남아 있는 것은 전국적으로도 몇 군데 없다. 이곳이야말로 완전한 복원이 가장 적합한 곳이라는 생각이 든다.

성터의 구석구석을 돌아보고. 잡목과 풀에 시친 바짓가랑이를 끌고서 처음 들어섰던 서문터에 이르렀다. 진충보국(盡忠報國)이란 글이 또 눈에 띈다. 이제는 이 글이 마음에 거슬리기만 하다. 진성이 훼파되고 무너진 모습을 보고 국가의 안위를 걱정하고 준비하라는 역설적 의미를 담고 있다면 매우 심오한 뜻이겠지만, 그렇게 보기에는 너무나 어울리지 않는 상태다. 이 나라에 태어난 사람으로서 충성하는 마음으로 나라에 보답하는 일을 하고 싶지 않은 사람이 어디 있겠는가! 성이 완전하지 않을지라도 그 모습을 다가가 볼 수 있고 만지고 비비고 부둥켜안을 수 있다면 좋겠다. 그때 이 비석 진충보국(盡忠報國)이란 글이 있어, 나라를 위한 마음이 자연스럽게 우러나올 수 있으면 좋겠다. 그러나 지금 상태로는 비석이 어울리지 않아도 너무나 어울리지 않는다. 씁쓸하기 짝이 없다.

천성 마을 뒤쪽 언덕 높은 곳에는 이미 펜션이나 전원주택들이 들어서 있고 더 들어설 모양이다. 이곳에 또 어떤 바람이 불어 닥칠지 알 수가 없다. 보다 온전한 갈무리가 반드시 필요하다는 생각이 엄습한다. 새바지 마을에서도 느꼈던 것이지만, 영원히 되돌릴 수 없는 상황이 생겨날 것 같아 두렵기까지 하다. 산업화와 도시화를 겪으면서 개발과 파괴가 없을 수는 없겠지만 아끼고 보존하고 유지해야 할 것들을 더 이상 잃어버려선 안 되겠다는 생각이 앞을 가린다. 조금만 더 신경 쓴다면 충분히 가능할 것이다.

　과거 살아온 삶의 흔적들은 한번 지워버리면 다시는 되돌릴 수 없는 것들이다. 물질적 가치로선 답을 할 수 없는 것들이다. 그런 것이 소중한 이유는 우리의 존재성을 채워가는 작은 도구들이기 때문이다. 이런 것이 무시되면 우리 자신은 공허해진다. 그리고 그 공허감은 자존감의 상실로 이어진다. 더 사라지기 전에 혼적도 없어지기 전에, 더 적극적으로 나서서 보존하고 관리해야 할 때가 이미 와있다.

2

다대포진성 전투의 현장, 다대포

다대포의 역사하면 다대포진성 전투와 윤흥신 장군이 떠오른다. 그와 관련된 유적지가 윤공단이다. 그렇다면 다대포진성 전투의 역사적 현장은 어디일까? 그 다대포진성은 지금 어떻게 되어 있을까? 전투에서 윤흥신 장군이 동생 흥제를 부둥켜안고 죽었다는 곳은 어디이며 어떻게 되어 있을까?

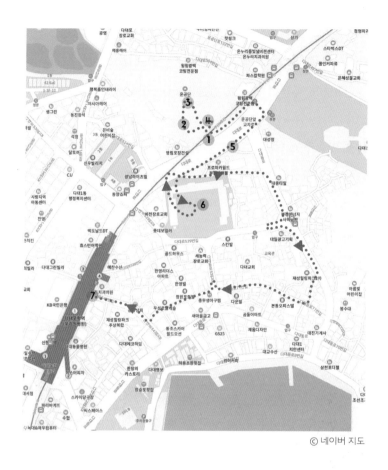

© 네이버 지도

① 홍살문 → 100m 도보 5분 → ② 당집 → 50m 도보 2분 → ③ 윤공단 → 100m 도보 5

분→ ④ 비석군 → 100m 도보 5분 → ⑤ 절충한광국비석 → 100m 도보 3분 → ⑥ 유아

교육진흥원 → 다대포진성터 따라 걷기 500m 도보 30분 → ⑦ 다대포항역

홍살문이 뭐지?

다대로, '이 큰 도로변에 웬 홍살문이 있지?'

수많은 차들이 지나고 있는 다대로 한편에 홍살문[1]이 떡하니 서 있는 게 이상하다. 분명 부근에 무슨 주요한 시설물이 있음을 알려주고 있는데 무엇일까? 사람들은 그 사정을 아는지 모르는지 무관심하게 지나간다. 주위를 둘러보거나, 경의를 표하는 경우는 더욱 없다. 그저 자동차가 지나가듯 급하게 자기 갈 길을 갈 뿐이다. 혹시라도 이 기둥에 관심을 갖는 사람은 이 큰 길에 어울리지 않는 것이 있다고 생각할지 모른다. '웬 기둥이 붉은색이야?' 하고 생뚱맞은 것인 양 여길지도 모른다.

다대로 옆 홍살문(흰색 원)

---

1   궁전·관아(官衙)·능(陵)·묘(廟)·원(園) 등의 앞에 세우던 붉은색을 칠한 나무문으로 어느 주요 시설물로 진입하는 곳을 알리는 문이었다.

홍살문이란 기둥의 위쪽에 화살 같은 조각들이 있기 때문에 붙여진 이름이다. 기둥이 붉기 때문에 붉다는 의미의 홍(紅) 자와 화살의 살 자를 따서 붙인 말이다. 나름 위엄 있는 시설물로 들어가는 입구라는 의미인데 그것이 있으면 아랫것들은 정숙해야 했다. 높으신 분들이 있을까 주위를 한번 둘러봐야 했다. 아니면 높으신 분의 흔적 앞에 머리라도 숙이며 지나갈 준비를 해야 했다. 그러므로 홍살문이 있다는 것은 분명 그냥 지나칠 수 없는 주요한 시설물이 있다는 것을 의미한다.

하지만 다대로를 지나는 수많은 차량들은 한 치의 시간이라도 놓칠 수 없다는 듯이 쏜살같이 지나가기만 한다. 홍살문이 무엇인지, 왜 저기 있는지, 알려고 하는 사람을 오히려 무안하게 만들 정도다. 역동적으로 움직이는 다대로에 붙어 있는 홍살문은 보란 듯이 속살을 완전히 드러내 놓고 당당히 서 있지만 위치상으로 사람들의 주목을 받기는 이미 거른 듯이 보인다. 사실 홍살문 치고는 이놈은 좀 둔탁하다 못해 퉁퉁한 편이다. 역설적인지는 모르겠지만 자동차가 질주하는 이 역동적인 길옆에서 버텨내기 위해선 저렇게 둔탁한 모습의 홍살문이 오히려 어울린다는 생각이 든다.

홍살문 옆에 있는 안내문에는 윤공단이라고 적어 놓았다. 부산에서 임진왜란의 세 전투인 동래성 전투의 송공단, 부산진성 전투의 정공단, 그리고 다대포진성 전투의 윤공단이다. 그렇다면 그냥 지나칠 수 없다. 홍살문 안으로 들어가 보자.

이곳에 왜 당집이?

홍살문 안 계단과 안내판(흰색 원)

홍살문 안을 들어서는 순간 숨이 턱 막힌다. 윤공단으로 올라가는 길이 돌 계단인데 100개가 넘는 것이 한꺼번에 떡 하고 나타나기 때문이다. 끝까지 올라가야 한다니 엄두가 안 난다. 어떡할까 하고 고민하는 순간, 고개를 들고 가까운 계단을 쳐다보니 좌우측으로 또 다른 시설물이 있는지 안내판이 보인다. '저건 뭐지? 뭐가 있는 것 같은데.' 일단 거기까지 올라가서 판단해 보자.

홍살문에서 계단 30개 정도를 오르니 오른쪽으로는 비석군, 왼쪽으로는 당집이 있다는 안내판이 걸려 있다. 비석군이라 하면 지역마다 있는 비석들을 모아 놓은 것인데 다대포는 이곳에 모아 놓은 모양이다. '그런데 당집이 있다는 것은 뭐지? 윤공단이 있는 곳에 당집이 있는 것인가?' 좀 어울리지 않는 모습이 연상된다. 어느 쪽으로 먼저 가볼까 고민하다가 당집이 더 궁금해진다. 당집으로 가는 길은 언덕을 오르는 길이다. 일단 계단을 오르지 않아도 되겠다는 생각에 기분 좋게 당집으로 방향을 잡는다. 계단을 오르는 것보다 백배나 정겨운 오솔길이 이어진다.

약간의 언덕을 오르니 당집이 정면으로 나타난다. 3층 모양의 콘크리트로 지어진 집이다. 3층 집이라기보다 3층 탑과 같은 모양을 하고 있다. '아니, 윤공단이라고 했는데, 이곳에 왜 당집이 있는 거지?' 아니나 다를까 당집 뒤로 언덕 위에는 윤공단의 비석이 살포시 보인다.

다대포 당집

당집은 당이라고도 하며 신당(神堂), 제당(祭堂)이라고도 하는 곳이다. 소위 굿당이라고 하여 때로는 굿판이 벌어지는 곳이다. 대개 영험스럽다고 여겨지는 장소다. 그런 입장에서 보니 이곳은 숲이 있고 다대포 포구가 가까이 있어 당집이 있기 안성맞춤인 곳이다. 현재는 많은 소나무와 숲에 둘러싸여 있어서 포구가 가려져 잘 보이지 않지만 주위의 어느 곳 보다도 다대포 포구가 가장 잘 내려다보이는 곳임에 틀림없다.

당집에는 항상 촛불을 켜 놓는지 촛불함에 여러 초들이 타오르고 있다. 주위 청소 정리를 잘해 달라는 표지판도 있다. 마을 사람들 누군가는 주기적으로 이곳을 이용하고 관리하고 있는 모양이다. 3층으로 된 기와집 모양의 건물은 언제 지어졌는지 알 수 없지만 매우 단단한 모습이다. 다대포 포구가 바로 내려다보이는 이곳, 다대포에서는 가장 영험스러운 장소였기에 당집이 제 위치를 지키고 있다. 이 당집이 다대포 마을의 당집이겠다. 아마 바닷가 포구 주변 마을에서 행해지는 별신굿 같은 의례가 이곳에서 행해지고 있을 것이다.

그렇다면 이 언덕은 오랫동안 당집이 있어왔던 다대포의 당산이다. 가장 영험스럽고 신령스러운 곳이다. 그런데 이곳에 1970년 윤공단이 들어서게 된 것이다. 당시 군사정부의 권력은 누구도 막을 재간이 없었다. 당집보다 더 높은 당산의 꼭대기에 윤공단이 만들어지게 되었다. 그나마 당집이 훼손당하지 않는 것이 다행이었다고 해야 할지 모르겠다. 지금은 잘 꾸며진 윤공단에 비하면 한쪽 편에 밀려나 있는 당집은 누추하고 지저분하게 보인다. 그 영험스러움도 신령스러움도 오히려 어색하게 보인다. 이제는 이곳이 다대포의 당산이 아니라 윤공단이 되어 버렸다. 굴러온 돌이 박힌 돌을 밀어낸 모습이 되었다.

늘 머리 숙이게 되는 곳, 윤공단

비록 굴러온 돌이 새로 터를 잡은 셈이지만 반듯하게 자리한 윤공단은 매우 조용하고 깨끗한 모습을 연출하고 있다. 주변의 시가지가 바로 가까이 있지만 단을 둘러싸고 있는 소나무 숲은 시가지를 가로막아 주고 있어 자연 속에 파묻힌 느낌을 갖게 한다. 단 앞에 서니 숙연한 마음이 들면서 자연스럽게 머리 숙이게 한다.

윤공단은 임진왜란 때 다대포진성 전투에서 순절한 분들을 기리고자 마련한 단이다. 여기서도 다대포 첨사 윤흥신의 이름

을 따서 윤공단이라고 했지만
다대포진성 전투에서 희생된
모든 사람을 위한 공간이다.
이곳 윤공단은 다대포진성 전
투를 추억하는 장소이자 우리
자존심의 공간이다. 중앙의 비
석에는 앞면에 '첨사윤공흥신

윤공단

순절비(僉使尹公興信殉節碑)'라 쓰여 있고, 뒷면[2]에는 공의 전적이
기재되어 있다. 양측에는 윤흥신의 동생 흥제 '의사윤흥제비(義
士尹興悌碑)'와 윤흥신과 함께 다대포성을 지키다가 죽은 백성들
을 위한 '순란사민비(殉亂士民碑)'가 함께 세워져 있다.

　담장이 없이 소나무 숲으로 둘러싸여 그늘이 짙게 드리운
윤공단은 엄숙한 분위기를 연출한다. 단을 한 바퀴 돌아보니 온
갖 생각이 오간다. 송공단, 정공단 그리고 윤공단 이 셋은 임진
왜란 부산의 세 전투를 상징하고 있다. 셋 모두 성이 함락되고
주민은 전멸되었다. 그들의 죽음을 생각할 때마다 할 말이 없
다. '무엇이 이들을 죽음으로 몰고 갔단 말인가! 어찌하여 자기
목숨을 내어 놓을 수 있었단 말인가! 진정 국가를 위한 충성 때

2　임진왜란 때 부산에 상륙한 왜적이 부산진성을 함락시킨 후 다대진을 공격하자 윤흥
신 장군이 동생 흥제와 군관민을 이끌고 이들과 대치하다 전사하였음을 기록하고 있다. 왜
란이 끝난 후에도 이 일이 알려지지 않다가 영조 37년(1761) 경상감사로 있던 조엄이 이
사연을 찾아내어 조정에 올리어, 이로써 다대포진성에서 있었던 역사적 사실이 드러나게
되었으며, 그 후 영조 41년(1765) 다대 첨사로 있던 이해문이 단을 쌓았다고 쓰여 있다.

문이었을까? 아니면 어쩔 수 없는 운명에 처한 까닭이었을까?'

겉으로나마 잘 만들어진 단 앞에서 묵념하고 추모하며 그때 그분들의 희생을 기억한다지만, 속마음은 미안하고 부끄럽고 몸 둘 바를 모르겠다. 성을 지키며 싸우다 당한 결과를 상상하면 고개를 들 수 없다. 그리고도 뚜렷한 답을 내어 놓을 수 없다. 다만 '우리가 강해져야 한다, 우리가 반듯이 서야 한다, 그래야 아픔을 반복하지 않을 수 있다'는 상습적인 생각만 속으로 되새기게 될 뿐이다. 마음이 아프다. 아픈 마음을 안고 발길을 돌리려니 마음이 더 불편하다.

돌아서는 발걸음과 함께 윤공단이 있는 곳이 매우 쓸쓸하다는 생각이 든다. 소나무 숲 아래 스산한 분위기도 그렇지만, 정갈하게 만들어진 단도 허전하게 보인다. 못다 한 뭔가가 있는 것 같다. 다대포진성 전투에 대한 다른 유적은 없을까? 왜 윤공단밖에 없을까? 윤공단은 제례 공간이다. 죽은 자를 추모하는 공간이다. 다대포진성 전투의 생동감을 전혀 느낄 수 없다. 비록 전쟁에 패하여 완전히 희생을 당했지만 희생자를 추모하는 것은 전쟁 그 자체와는 다른 것이다.

그래서 이런 질문을 하나 더 해 본다.

'윤흥신 장군의 이야기를 전쟁이 일어났던 현장에서 할 수 없을까? 다대포진 성문이 우뚝 서있고, 다대포진성이 떡하니 버티고 있는 곳에서 장군의 무용담을 이야기하면 어떨까? 성문을 지키다가 성문을 열고 기습 공격을 하기도 하였지만, 끝내는 적의 많은 수를 이기지 못해 건물 위까지 쫓기어 가 기왓장까지 던져가며 싸우다가 조총에 맞아 동생 홍제와 함께 건물에서 떨어져 연못에 빠져 죽었다는 이야기를 그 사건이 일어났던 역사적 현장에서 할 수 있으면 얼마나 생동감이 있을까?'

그렇다. 다대포진성이다. 다대포진성 전투 이야기는 다대포진성에서 해야 한다. 윤공단은 다대포진성 전투의 부산물일 뿐이다. 다대포진성은 어떻게 되었을까? 수많은 사람의 희생터였던 다대포진성. 그곳에서 다대포진성 전투를 되새겨 볼 수 있을까?

다대포진성은 이곳 윤공단에서 다대로 건너편에 있다. 원래 윤공단도 윤흥신 장군이 순절한 곳으로 알려진 다대포 객사 건물의 동쪽에 있었다. 현재 유아교육진흥원 건물 앞 동쪽 편이다. 다대포 객사 건물[3]이 없어지고 그곳에 다대초등학교 건물이 세워졌다가 지금은 유아교육진흥원으로 바뀌어 있다. 다대포 객사는 다대포진성 안에 있었던 여러 관아 중 하나였으므로 다대포진성을 보려면 윤공단이 있던 유아교육진흥원에서 출발해 보아야겠다. 다대포진성은 어떻게 되어 있을까? 당시의 전쟁을 더 실감 나게 느낄 그 무엇이 있을까? 궁금해진다. 그곳에 가서 확인해 보자.

---

3   지금은 몰운대 안에 복원해 놓았다.

진리 한광국 비석에 담긴 의미

윤공단에서 계단을 따라 내려오면 올라올 때 확인했던 비석 군이 있다. 일단 이곳도 들렀다 가는 것이 좋겠다. 어느 지역에서나 그렇듯이 이곳저곳에 흩어져 있던 옛 비석들이 도로공사, 주택공사로 인해 자기 자리를 잃게 되자 일정한 자리를 정하고 한 곳에 모아졌다. 다대포 지역의 비석은 이곳에 모여있다.

다대포 비석군 안내판

비석군이 있는 곳에 들어서니 입구에 모두 13개의 비석이 있는 안내판이 있다. 훑어보니 아니나 다를까 대부분 첫머리에 수령의 관직을 의미하는 첨사(僉使)[4], 관찰사(觀察使)[5], 겸감목관(兼監牧官)[6]이라는 이름을 달고 있다. 그래서 '첨사 OOO 영세불망비(永世不忘碑)'라는 말이 대부분이다. 이 말을 지금의 부산시로 따지면 '부산시장 OOO 영원토록 잊지 마세요'라는 의미이다. 다대포진, 이곳을 다녀간 벼

---

4 조선 시대 각 진영(鎭營)을 다스리던 종 3품의 무관이다. 첨절제사(僉節制使)의 약칭.

5 조선시대 각 도에 파견되어 지방 통치의 책임을 맡았던 최고의 지방 장관이다.

6 조선시대 지방의 목장에 관한 일을 관장하던 자를 감목관이라고 하는데, 수령 (첨사)을 겸할 경우 겸감목관이라고 했다.

슬아치들을 위해 세워 준 좀 형식적인 비석들이라고 보아야 할 것이다. 그래서 그러려니 하고 그냥 둘러보고 지나려고 하는데 그중에 유독 '진리(鎭吏)'라는 말로 시작하는 비석이 한 개 있다.

'진리(鎭吏)라….'

이것은 수령이 아니지 않은가! 진리는 관아의 아전, 즉 수령을 도와 일해 주는 직원을 뜻한다. 쉬운 말로 향리, 이방과 같은 자를 의미한다. '이거 뭐 좀 특별하다. 이런 사람의 비석이 있다니 어찌 된 일이지?'

나중에 알아본 사실이지만 진리한광국구폐불망비(鎭吏韓光國捄弊不忘碑)는 정말 특별한 사연을 갖고 있는 비석이었다. 그 비의 뒷면에 쓰인 그의 공적은 다음과 같이 요약된다. '… 아픈 몸을 이끌고 수차례 서울을 방문하여 물일하는 사람들을 위한 상소를 올렸다. 1763년(영조 39년) 8월에 조정의 허락을 얻었다. 받은 명령을 따라 어떠한 경우라도 다대진에서는 옛날부터 있어 온 후망의 폐(候望之弊)를 하지 못하도록 하였다. 아울러 이에 따른 모든 것을 함께 개혁하였다…[7]'

여기서 '후망의 폐'란 바닷가 지역에 있었던 악습이었던 것

---

7   한건, 다대포 역사 이야기, 2011, 237-238쪽의 내용을 참조하였으며, 그 원문은 아래와 같다. 三不朽立功立德 居 其二疇有功德而不酬 兹州之有 ○田固非連乳合珠 之往復 而實是涪荔武芽之瘡痏 數些浦戶以此幾無 公病之乎營乎京司累瀆死境 始蒙 朝家允旨 乃乾隆二十八年秋八月也 匡今受賜 爲如何哉 本鎭關防 古有候望之弊 幷此 俱革 然則公之功德 在山在水間 殆壽於峴漢之碑也夫 崇禎紀元後四辛酉八月日浦民 立 李元福 王先雄 李漢東 金正之 金時天 金一元 權允 金作沙 金東完 化主 崔尙運 金 正元 田仁福

으로 알려져 있다. 바닷가에 사는 사람들은 비록 신분이 천민이 아니었음에도 불구하고 농사가 아닌 물일한다는 이유만으로 천민 취급을 받았다고 한다. 짚으로 머리띠와 허리띠를 하며 천민의 표시를 하고 다녔다고 한다. 이는 신분의 문제를 넘어 일상생활에도 방해가 되는 정말 불편하고 고통스러운 것이었다. 이를 벗어나게 하는 일이었기에 바닷가 주민들에게 얼마나 엄청난 환영을 받았을지 짐작이 간다. 그랬기에 비석이 세워지고도 남음이 있다.

그런데 이 비석을 세운 연도와 세운 사람을 보니 더 놀랍다. 가슴이 마구 띤다. 어쩌면 이럴 수가 있는가! 세운 연도는 이 일이 있은 후 100년 정도가 지난 1861년(철종 12년)이라고 되어 있다. 왕의 명령이 떨어져 일이 시행이 된 지 무려 100년, 아마 한광국이 죽은지도 최소한 50-60년은 지났을 것이다. 그런데 그의 비석이 세워졌다. 바닷가 주민들은 그를 결코 잊을 수 없고 진정으로 잊지 않았던 것이다.

그래서 세운 자가 남다르다. '다대포 주민들이 세우다'는 뜻의 '포민립(浦民立)'이란 글도 또렷이 새겨져 있다. 그 글과 함께 직함도 없는 사람 이름만 12명이 새겨져 있다. 아무 직위도 없는 다대포 주민들이 그들 힘으로 진정으로 고마운 사람의 비석을 세운 것이다. 정말 대단한 일이다 싶다. 당시는 뭘 해도 권세가들, 소위 양반들의 힘에 끌려 다녔던 시절이었다. 눈에 뻔히 보이는 비석이 양반을 위한 것이 아닌데 쉽게 세워지기 어려웠을 것이다. 이 모든 것을 뛰어넘어 비석이 세워졌다. 다대포 주민들에겐 그 어떤 분보다도 잊을 수 없는 분이었던 것이다. 진정으로 진리 한광국을 향한 감사와 경의의 마음이 느껴지는 비석이다.

13개의 비석 속에서 '진리한광국구폐불망비(鎭吏韓光國捄弊不忘碑)'를 찾았다. 아니나 다를까 같이 있는 다른 비석들에 비해 크기나 모양이 초라해 보인다. 다들 얹고 있는 비석 모자조차 쓰지 않았다. 권세를 떨쳤던 사람들의 비석과는 정말 다른 모습이다. 그래서 주변의 위세에 눌려 있는 모습이다.

다대포 비석군 속의 한광국 비석
(둘째 줄 2번째)

하지만 지금은 이렇게 있지만 원래 있었던 곳[8]에서는 이런 모습이 아니었을 것이다. 많은 사람들이 와서 머리를 조아리며 절을 할 수 있는 곳이었을 것이다. 지금은 전혀 그런 느낌을 가질 수 없다. 어쨌든 이 비석을 세운 마음을 읽으려고 비석의 앞면에 서서 비석머리를 여러 번 매만져 본다. 그리고 뒷면에 와서 많은 글자들 중에서 '포민립(浦民立)'이란 글자를 찾아 확인해 본다. 가장 귀하게 와 닿는 글자다. 살포시 눈을 감고 점자를 읽듯

---

8   한광국의 묘지 부근에 있었는데, 묘지와 함께 비석터는 해송아파트 단지로 변해 버렸다.

만져 본다.

그냥 비석군이려니 하는 생각으로 들어섰다가 귀한 교훈을 얻고 나오게 된다. 다시 계단을 내려와서 홍살문을 나오니 다대로 큰 길이 나온다. 차량은 소음을 내며 여전히 쏜살같이 지나고 있다. 다대포진 성터를 찾아가려면 다대로를 건너가야 한다. 그런데 길 건너편 원불교 다대교당 앞에 비석이 또 하나 보인다. 어차피 가는 길이니 뭔지 확인하고 가자는 심정으로 육교를 건너 비석으로 향한다.

절충한광국구폐불망비

비석에 가까이 가니 모양은 둔탁해 보이고, 비석 기단도 별로 어울리지 못한 모습이라 사람의 시선을 별로 끌지 못한다. 하지만 놀랍게도 비석은 '절충한공광국구폐불망비(折衝韓公光國捄弊不忘碑)'라고 되어 있다. 또 한광국의 비석이다.

'아니 여기에 또 있단 말인가!' 그런데 여기에는 '절충(折衝)[9] 이라는 벼슬을 적어 놓았다. '어떻게 된 거지? 다른 사람인가?' 뒷면을 보니 1908년(순종 2년)에 각지의 포구 주민들이 다시 세웠다는 '각포민개립(各浦民改立)'이라는 글자가 또렷이 기록되어 있다. 이것도 예사롭지 않다. 마침 비석 아래에 비석의 의미를

---

9 당상관 정 3품의 다대포첨사와 같은 직급의 벼슬

설명하는 글이 적혀 있어 자세히 읽어 본다.

비석을 설명하는 글은 '…계급제도에 의하여 양반, 상민 구별이 성행하던 시절에 남해안 일대 어민들에게는 남녀 구별 없이 짚으로 머리띠와 허리띠를 차게 하여 표식을 하고 살게 하였다. 이로 인하여 어민들은 생활하기에 불편과 고통이 이만저만이 아니었다 한다. 당시 이 고장 출신 절충장군 한인범(광국)이 어민들의 고통을 해소해 주기로 결심하고 당시 임금님께 수차례 한양을 왕복하면서 상소문을 올렸던 바 천민을 구별하였던 허리띠를 하지 않아도 된다는 어명을 받아서 어민들의 고통을 해소해 주었다 한다…'고 기록해 두었다.

내용이 똑같다. 진리 한광국을 기리는 또 다른 비석이다. 세운 시기는 앞의 비석이 세워진 후 50년이 지난 때이다. 그러니까 한광국이 임금의 명령을 받아 '후망의 폐'를 없앤 지 150년 가까이 지나고도 또 비석이 세워진 것이다. 당장 '정말 대단하다'는 말이 또 튀어나온다.

더구나 세운 이가 '각포민개립(各浦民改立)'이니 이번에는 다대포 주민을 넘어 각지 포구의 주민 모두가 동참해서 다시 세웠다는 뜻이다. 한광국이 한 일이 다대포뿐 아니라 해안가 포구가 있는 곳이면 모두 영향을 주었음을 의미한다. 왕의 명령이었으니 전국에 같이 적용되어야 할 내용인 것만은 분명했다. 그동안 얼마나 고충스러웠던 것이었으며 불편한 것이었을까? 얼마나 차별받고 얼마나 설움 받는 일이 많았겠는가! 그랬기에 거꾸로 이를 없앤 것이 바닷가 주민들에게 얼마나 고맙고 감사한 일이었겠는지 절절히 와 닿는다.

그런데 다대포 첨사를 의미하는 '절충'이라는 벼슬을 달고 있는 것은 무슨 까닭일까? 비석을 설명하는 글에서는 '절충장군'이라고 해 두었다. '왜 그럴까?'

두 번째 비석이 세워졌던 때는 양반 중심의 사회는 이미 무너진 때였다. 나라도 위태하여 백성들은 마음을 둘 데가 없었다. 관아였던 다대포진마저도 폐진 되어 버렸고, 첨사도 없어진 때였다. 더구나 일본인의 지배가 피부로 느껴질 만큼 가깝게 다가와 있었다. 주민들은 자신들을 위한 진정한 지배자를 바랐을 것이다. 백성을 진정으로 위하는 관리를 원했을 것이다. 그런 의미에서 바로 이런 한광국 같은 자가 우리의 진정한 다대포 첨사라고 외치고 싶었을 것이다. 그래서 주민들은 한광국을 위한 비석을 세우면서 '절충'이라는 이름을 당당하게 붙여 주고 '절충 장군 한광국'이라고 불렀을 것이다.

바닷가 사람들의 진정한 영웅 한사람을 보는 듯하다. 감춰진 인물을 발견하는 듯 기쁘다. 어디서 이런 사람을 또 볼 수 있을까? 어디서 주민들 모두가 환호하는 일을 또 확인할 수 있을까? 비석의 모양이나 글씨도 둔탁하기만 하지만 가식 없는 바닷가 주민들의 마음을 담은 모양 그대로이다. 그들의 마음이 와 닿는 것 같아 뿌듯한 마음을 안고 발걸음을 옮겨 본다.

유아교육진흥원에서 출발하다

이제 다대포진 성터를 찾아보자. 윤공단에서 이야기했던 다대포진성[10] 이야기를 다시 이어가야겠다.

일단 유아교육진흥원으로 가봐야 한다.

유아교육진흥원은 절충 한 광국 비석이 있는 곳에서 다대로를 따라 바로 이어져 있다. 옛 다대초등학교가 있었던 곳이다. 리모델링한 건물과 함께 앞마당의 바닥까지 전부 콘크리트 벽돌 내지 타일이 깔려 있다. 유아

유아교육진흥원 건물 아래의
윤흥신 순절비터 표지석(흰색 원)

들을 위한 공간을 꾸민다고 형형색색으로 꾸며 놓았다. 아무리 둘러봐도 어떤 옛 흔적도 찾을 수 없다.

건물의 동쪽 부분이 옛 윤공단터였다고 하는데 어떤 흔적이 없을까? 동측 건물로 가보니 건물 아래에 '윤흥신 순절비터'라는

---

10   다대진성 또는 다대포진성은 조선시대 경상좌도 수군절도사영에 속했던 다대포 지역의 진성을 말한다. 위치는 현재 부산유아교육진흥원(옛 다대초등학교)을 중심으로 한 지역이었다. 성종 21년(1490)에 왜구의 침입과 약탈을 막기 위해 축조되었으며, 둘레 1,806척(약 542m), 높이 13척(약 4m)의 석성으로 동서남북에 성문이 있었다. 성종 때 축성한 성은 임진왜란 때 윤흥신 장군을 비롯한 백성들이 왜군과 맞서 싸울 수 있게 해 주었던 군사적 보루였다. 그때 성의 대부분 파괴되었다가 임진왜란이 끝나고 다시 축성하였는데 성종 때 축성한 터 위에 그대로 보수하였던 것으로 보인다. 1895년 군제개혁으로 다대진이 폐진 된 이후에는 관리되지 못하고 버려진 상태로 지금에 이르고 있다. 부산유아교육진흥원은 다대진 첨사영이 있던 곳이었고 지금 본관 건물자리는 객사터로 알려져 있다. 객사는 몰운대로 이전해 두고 있다.

표지석이 남겨져 있다. 이곳이 윤흥신과 그 동생 흥제가 서로 부둥켜안고 죽은 곳이다. 당연히 이곳에서 윤흥신 장군의 무용담을 이야기하면 제일 좋은 곳이다. 하지만 표지석만 있을 뿐 그런 분위기를 연출할 상황이 아니다. 이런 곳에서 다대포진성 전투를 이야기할 형편은 전혀 아닌 것 같다.

그래도 이곳이 다대포진성의 성안이라는 사실은 분명하게 해 준다. 이 건물을 주변으로 성이 있었을 것이다. 그렇다면 주변을 살펴보자.

다대로에 붙어 있는 유아교육진흥원의 뒷담벼락을 따라 먼저 가보자. 작은 주차장이 있고, 담벼락은 콘크리트로 만들어져 있다. 담벼락을 따라 주차장이 끝나는 후미진 구석길을 들어서는 순간 '와, 이것이다!'하는 탄성이 터져 나온다. 붉은 벽돌 담벼락 아래에 있는 기초석이 드러났는데, 그 기초석이 바로 성돌인 것이다. 예상보다 쉽게 찾았다. 성돌은 뒷담벼락을 따라 이어진 것 같고, 그렇다면 유아교육진흥원 뒷담벼락 전체가 다대포진성 북편 성벽이 있었다고 볼 수 있다. 분명 담벼락을 따라 성돌은 더 파묻혀 있을 것이다. 이런 느낌이라면 좀 더 쉽게 성터를 확인할 수 있을 것 같다. 가던 길을 더 따라가 보자.

조금 더 동쪽으로 가니 큰 철책에 출입금지를 붙여 놓은 유적지 발굴터임을 알려주는 곳이 있다. 이곳을 다대포진성터라고 기록해 두었다. 그러나 성의 흔적은 보이지 않는다. 성과 관련하여 유적이 발굴되었기 때문일 것이다. 그렇다면 북편 성벽

①유아교육진흥원 뒷담벼락

②유적지 발굴터

은 유아교육진흥원 뒷담벼락에서 이곳으로 계속 연결된다고 볼
수 있다.

동쪽으로 가던 길을 꺾어 큰길 따라 남쪽으로 내려가니 삼
거리를 만난다. 그곳은 동문터라고 알려진 곳이다. 동문터 주변
으로는 성돌의 흔적을 잘 찾기 힘들다. 여러 집들이 마구 혼재된
곳이라 이곳저곳 집이 있는 골목을 기웃거리며 구석진 곳에 놓
인 돌들을 확인해 보지만 성돌이라는 뚜렷한 증거가 보이지 않
는다. 이곳에서는 허탕이다.

동문터를 지나자마자 남쪽으로 난 큰길을 가려다가 좁은 길
을 따라 가정집으로 들어가는 골목길이 있어 들어가 보았다. 그
런데 길의 막다른 곳에 큰 돌이 겹겹이 쌓인 모습을 볼 수 있다.
가까이 가서 보니, '와!' 정말 놀랄 지경이다. 이건 성돌일 뿐 아
니라 성벽 그 자체가 그대로 남아 있다. '이렇게 또렷하게 남아
있다니!' 여러 채의 가정집을 따라 뒷 담벼락이 되고 뒷 옹벽이
되어 일직선으로 성벽이 남아 있다. 성벽은 계속 이어지는 것 같
다. 일부 옹벽 위에는 건물이 있는데 대부분 다대교회에 속한 건

물들이다.

가정집과 성벽이 너무 가까이 붙어있기 때문에 성벽을 따라서 걸어갈 수는 없다. 성벽이 이어진 것을 확인하려니 골목골목을 찾아들어 가정집 뒤쪽으로 가야 한다. 들어가는 곳마다 똑같은 모습의 성벽을 발견할 수 있다. 성벽이 전체적으로 이어져 있는 것이 확인된다. 그러니까 다대포진성의 동남편 지역은 성벽의 형태가 잘 남아 있는 셈이다. 모두 가정집의 담벼락이나 옹벽, 축대로 사용되고 있다. 한눈으로 보아도 성돌임을 확실히 알 수 있다. 동래읍성이나 부산진성에 비하면 거의 온전한 형태의 성벽 흔적이다. 정말 놀라운 일이다. 진성의 역할이 없어진 지 120년이 훌쩍 지났지만 여전히 성벽이 든든하게 유지되고 있다는 것이 신기할 따름이다. 하지만 바로 이어지는 생각은 '이런 상태로 계속 둘 것인가?'라는 질문이다. 일면 다대포진성이 방치되어 있다는 느낌이 확 와 닿기 때문이다. '언제까지 이렇게 두어야 할까?'

③ 가정집 담벼락

④ 부지를 확보한 곳

⑤ 가정집 축대

다대포진성의 남편 성벽이 있는 곳으로 오니 이곳에도 유적지 발굴터라는 이름으로 철망을 쳐 둔 곳이 있다. 여기 발굴터는 상당히 넓은 지역이다. 성터 앞에 붙어있던 집들을 철거해 내고 빈터로 만들어 놓았다. 다대포진성이라는 유적을 위해 부지를 확보해 둔 곳으로 보인다. 출입금지라는 안내판을 달아 놓아 가까이 가볼 수는 없지만 철망 밖에서 바라봐도 멀리 정면에 보이는 것이 성벽의 흔적이라는 것을 알겠다. 동서로 길게 일직선상의 성벽이 놓여 있는 것이 단번에 눈에 들어온다. 성터 위에는 다대교회가 들어서 있는데 교회부분에 당장 성벽을 올리면 되겠다 싶다. 오뚝 선 다대포진성의 모습이 그려지는 듯하다. 심지어 성안의 물이 성 밖으로 빠져나오는 곳인 수구도 또렷이 보인

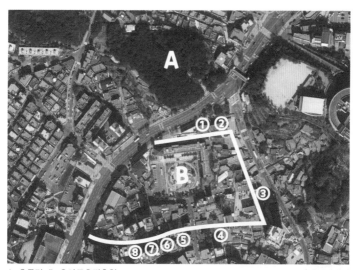

A: 윤공단 B: 유아교육진흥원   다대포진성터

다. 이곳이 앞으로 어떻게 변할지 모르겠지만 다대포진성의 가시적인 모습이 드러날 수 있을 것 같은 기대감이 잔뜩 부풀어 오른다.

일직선상의 성벽을 따라 이어지고 있는 곳을 보니 성벽 앞에 아직도 가정집들이 다닥다닥 붙어 있는 곳이 보인다. 가정집만 없애면 저곳도 성벽이 잘 드러나겠다. 저곳들도 성터를 위한 부지 확보가 가능할 것 같다. 집들은 많이 허름해 보이고 개발의 분위기도 느껴지지 않기 때문이다. 그런 모습은 남문터까지 이어진다.

남북으로 난 큰길이 있는 곳이 남문터이다. 그런데 남문터에서 다대로의 다대포항역에 이르는 곳은 상황이 다른 느낌이다. 가까이 가는 순간 10층 이상의 빌라, 주상복합 건물 여러 채가 길을 따라 들어선 것이 보인다. 건물의 모습으로 보아 최근에 지어진 것 같다. '아니! 이거 어떡하지? 여기는 완전히 변해 버렸

⑥ 성벽 축대 위 빌라   ⑦ 성벽 축대 앞 원룸   ⑧ 성벽 축대 위 가정집

네!' 탄식이 터져 나온다. '그러면 성터는 어떻게 된 거지? 성터는 살아 있는 거야? 없어진 거야?' 놀란 마음을 껴안고 급히 새로 지어진 건물의 뒤쪽을 찾아들어 가본다. 다행히 성터는 새 건물과 뒷 건물 사이에 축대가 되어 여전히 단단히 버티고 있다. 뒷 건물도 새로 지어진 것이 있고, 꽤나 높은 건물들도 보이지만 절묘하게 성벽을 유지한 채 그 위에 지어져 있다. 일직선상의 성벽은 계속되고 있고 성벽의 흔적은 또렷이 남아 있는 셈이다.

문제는 이렇게 새로운 집들이 지어짐으로써 다대포진성을 위한 부지 확보가 더 어렵게 되어 버렸다는 점이다. 성벽은 축대로 쓰이면서 굳건히 남아있는데, 성벽 위에도 성벽 앞에도 새로이 큰 건물이 들어서 버린 것이다. 다대포진성이라는 유적지 확보를 위해서라면 이를 어떻게 해결하겠는가!

사실 다대포진성의 흔적이 있는 곳은 대부분 개인의 사유재산으로 되어 있다. 따라서 재산 소유자는 이곳이 유적지로 변하는 것이 집값과 관련해서 매우 예민한 문제가 되어 있다. 특히이곳 남문터에서 다대로의 다대포항역까지는 땅값이 많이 올라주민들은 유적지로 드러나는 것을 꺼려하는 눈치다. 유적지로 편성되어 보상받는 것보다 다른 용도로 이용하면 돈을 더 벌 수 있다고 생각하기 때문이다. 땅값 문제가 더 노출되지 않았을 때 미리 확보되었더라면 좋았을 것이다. 시간이 갈수록 이 문제는 더 예민해질 것 같다.

다대포진성은 다대로 건너편으로 이어져 서편 성벽은 다대로 건너편에 있었다고 하지만 건너편은 아무리 둘러봐도 그 흔적을 찾을 수 없다. 큰 도로와 아파트가 들어서면서 완전히 변형되어 버린 셈이다.

다대포항역 입구에 서서

다대포진성의 흔적을 다 둘러보았다. 생각보다 쉽게 성의 윤곽을 파악할 수 있었다. 성의 흔적이 잘 남아 있기 때문이다. 아직까지 성돌뿐 아니라 성벽의 형태로 유지되고 있는 모습은 감탄을 자아내기에 충분하다. 이것이 앞으로 어떻게 될 것인지를 기대하게 된다. 내 마음대로라면 남은 성터 위에 새로운 다대포진성을 복원하는 것이겠다. 성문도 복원하고 성내 건물도 복원하고, 그리하여 이 성벽 앞에서 임진왜란 다대포진성 전투를 이야기하고 싶다. 성문과 건물을 오가면서 윤흥신 장군의 무용담을 실감 나게 이야기하고 싶다.

하지만 지금은 아무것도 이뤄진 것이 없다. 성벽이나 성문의 오롯한 모습은커녕 해체된 채 남아 있는 성의 흔적만 있을 뿐이다. 관심 있는 사람들의 눈에는 저것이 다대포진성이라고 할 수 있을지 몰라도 일반 사람들은 그냥 돌담이요 돌 축대일 뿐이다.

분명한 것은 온전한 형태의 다대포진성을 회복하는 것은 이미 어려울 것 같다. 서편 성터는 그 흔적을 잃은 지 오래되었고,

다대로라는 거대한 도로가 통과하면서 성의 일부를 잘라먹어버린 점도 있다. 이에 반해 북편, 동편, 남편 성터는 그 흔적이 많이 남아 있다. 지금이라도 남아 있는 성터의 흔적 위에 성을 새로 쌓고 성문을 다는 것이 가능해 보인다. 이를 위해 이미 부지 확보도 해 놓은 것을 보면 곧 추진될 것 같은 느낌도 든다.

그러나 다대포항역 부근을 비롯한 일부 지역은 땅값이 상승하고 투자가치가 높아지고 있다. 이미 아파트, 주상복합, 원룸 등으로 잠식되고 있다. 그 영향이 더 커져 나가기 전에 가능한 지역이라도 속히 진행되어야 할 것 같다.

사실 다대포진성은 해방 이후 우리 민족의 것을 되살리려는 노력의 일환으로 일찍부터 주목받아 왔던 곳이다. 임진왜란의 가장 주요한 격전지 중의 하나였기 때문에 부산의 역사를 이야기할 때마다 들먹였던 곳이었다. 그렇다면 의도적으로라도 성의 모습을 복원시켜 놓을 필요가 있었다. 조금 더 의지가 있었다면 충분히 가능했을 것이다. 지금까지 문화재 관계자의 지속적인 요구가 있기도 했겠지만, 가시적으로는 복원된 모습이 전혀 없이 해체되고 일그러진 채로 남아 있다. 그러다 보니 성터는 숨겨지고 감춰져 있다.

아파트 단지로 뒤덮여가는 다대포 지역, 오래도록 선조들이 살아왔던 곳, 그 흔적이 또렷이 남아 있다. 더 이상 감춰 놓을 수는 없다. 더욱 당당히 드러내고 나타나기를 기대한다. 충분히 그렇게 될 수 있는 곳이다.

3 | 쓰라린 흔적을 넘어서,
동래온천과 금강공원

온천장과 금강공원은 일제강점기에 일본인의 영욕이 넘쳐 나던 곳이었다. 그들은 떠나고 오랜 시간이 지나면서 남겨 놓은 흔적들도 사라져 갔다. 지금은 어떻게 되어 있을까? 완전히 없어졌을까? 아니면 아직도 남아 있을까? 개발과 발전이라는 극심한 변화 속에 앞으로는 또 어떤 모습이 될까?

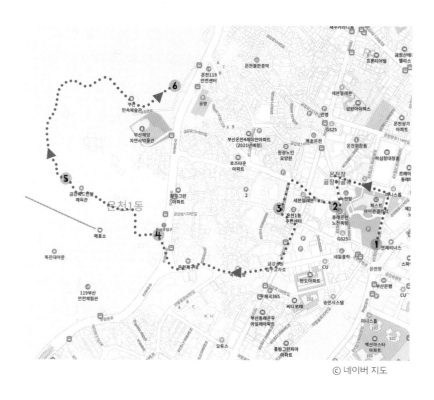

© 네이버 지도

① 온천장 할아버지 상 → 300m 도보 7분 → ② 용각 → 200m 도보 5분 → ③ 동래별

장 → 500m 도보 15분→ ④ 금강공원 → 200m 도보 7분 → ⑤ 동래금강원비석 앞 →

500m 도보 15분 → ⑥ 금강공원 후문

온천장 할아버지 상

온천장 할아버지 상

왼쪽 사진, 참 이상한 모습이다.

누구의 동상일까? 아니면 뭘 안내하는 상인가? 참으로 생소하기만한데 모습은 매우 재미있다.

얼굴은 주름살이 드리워져 있고, 좁다란 콧수염에 길게 늘어뜨린 턱수염까지 영락없이 할아버지 모습이다. 눈썹과 눈꼬리는 아래로 축 처져서 울상을 짓는 모습이지만, 입꼬리는 한껏 올라가 미소를 짓고 있다. 축 처진 눈썹 꼬리와 치솟은 입 꼬리가 하나로 이어져 원을 이룬 모습이 한마디로 무엇이라고 표현할 수 없이 우스꽝스럽다.

복장은 더 그렇다. 한복 두루마기를 걸치고 있는데 모자는 갓이 아니라 중절모다. 두루마기에 중절모의 모습은 개화기나 일제강점기의 영화에서나 등장하는 모습이라고나 할까? 전통과 서구가 만난 어색한 시절의 모습을 단적으로 보여주고 있다. 오른손에 작은 지팡이를 들고 있고 왼손에는 뭔가 쥐어 있었던 것 같은데[1] 없어졌는지 이 또한 어정쩡한 모습이다.

---

1 장죽이라고 하는 긴 대나무 막대기를 들고 지팡이처럼 짚고 있었음.

안내판을 보니 온천장 옛 전차 종점 앞에 있던 기념물이란다. 지금은 농심호텔 앞 정원 숲 사이에 세워져 있다.

동래온천이 있는 온천장은 온천 목욕으로 대표되는 곳이다. 일찍이 신라시대 국왕이 행차했다는 기록[2]이 있고, 고려와 조선조에 와서도 문인과 식객들이 이곳 온정을 찾아 목욕과 관련한 이야기[3]를 남겨 놓았다. 아주 오래전부터 온정(溫井)[4]이요 온천(溫泉)의 역할을 해 왔던 곳이다. 개항 후 일본이 들어오면서 이곳 온천장은 빠르게 달라져 갔다. 온천욕을 좋아했던 그들에 의해 이곳은 의도적으로 개발되었다. 목욕시설의 확대와 함께 여관은 물론 별장까지 세워지면서 온천장은 휴양지이자 유흥지로 발전해 갔다. 여기에 전차가 부설[5]되면서 온천장으로의 이동이 쉬워지고 더 많은 사람들이 온천욕을 즐길 수 있게 되면서 온천장은 한때 부산의 최고 관광지가 되었다.

전차를 타고 온천장 종점을 내리면 바로 맞이하는 것이 할아버지 상이었다. 두 눈에는 전구가 달려있어 밤에는 불이 비쳤다고도 하니 당시로서 획기적인 관광 아이디어 상품이었을 것 같다. 그렇게 전차 종점을 밝히는 할아버지 상도 전차가 없어지

---

2 『삼국유사』 권3 영취사(靈鷲寺)편. 『삼국사기』 「신라본기」 성덕왕조.

3 정구, 『한강선생봉산욕행록』, 1617. 『신증동국여지승람』 제23권, 동래현편 이규보(李奎報), 정포(鄭誧), 박효수(朴孝修)의 시 등

4 전통사회에서는 온천(溫泉)이라는 말보다 온정(溫井)이라는 말을 많이 써 왔다.

5 1909년 12월 온천입구까지 경편철도 준공. 1915년 11월 경편철도를 전차로 전환. 1927년 10월 온천장 안까지 연장 건설.

면서[6] 사라졌다가 이제는 호텔 정원의 장식품으로 남았다. 모르긴 해도 이 할아버지만큼이나 나이 든 분은 별로 계시지 않은 것 같다. 전차 종점이 온천입구에서 온천장 안으로 들어온 해가 1927년이니까 그때 만들어졌다고 하면 90살이 넘었다. 진짜 할아버지 나이가 되었다. 관광지 온천장에 걸맞게 등장하여 많은 사람들의 시선을 끌던 시절에 비해, 지금은 정원 한쪽 편에서 사람들의 무관심 속에 서 있다. 우리의 무관심에 얼굴이 찡그린 듯 울먹이고 있어 보이기도 하지만 그동안 변해온 온천장의 모습을 홀로 다 기억하고 있다고 우리를 비웃는 모습으로 서있는 것 같기도 하다.

할아버지 상이 있는 이 부근은 일본인들이 의도적으로 관광지로 개발한 곳이다. 농심호텔은 관광지 온천장으로서의 번성을 누렸던 시절 봉래관이 있던 곳이다. 옛 사진에 보면 인공호수가 있고, 뱃놀이까지 하던 곳이었으므로 온천장에서 가장 잘 나가던 곳이었다. 온천장에는 봉래관과 함께 일본인 중심의 사설 온천 여관이 이십여 개가 있었다. 물론 이런 숙박시설을 이용하는 사람들은 일본인 중에도 부유한 사람이었다. 심지어 더 부유한 사람은 이곳 온천장에 개인 별장을 마련하기도 했다. 그랬기에 온천장은 한때 최고의 부유한 자들이 누리는 유흥 중심가였다. 물론 일반 서민들은 한국인이나 일본인이나 공중목욕장을

---

6   1968년 5월 운행 중단됨

1930년대 봉래관 정원과 인공호수 ⓒ 부경근대사료연구소

이용하고 있었다.

그러나 해방과 함께 일본인이 철수하자, 관광지로서의 온천장의 영화는 쉽게 퇴색되어갔다. 그들이 남겨놓은 건물 흔적은 한동안 유지되고 활용되었지만 특정 계층이 누리는 호화스러운 온천욕은 더 이상 이어질 수 없었다. 온천장은 특별한 시설보다 서민들을 위한 대중목욕탕이 더욱 번성을 누리게 되었다. 게다가 부산이라는 도시가 대도시로 성장하고 시가지가 이곳까지 퍼져오게 되면서 온천장은 관광지나 유흥지로서의 특성은 더욱 잃어버리게 되고 대도시의 일상적인 삶의 공간으로 변해 갔다.

지금의 온천장은 대도시 부산 속의 한 지역에 불과하다. 바로 인접한 곳에 아파트와 주택가가 있고, 수많은 주상복합 건물도 밀집해서 들어서 있다. 때문에 어디서부터 어디까지가 온천장 지역인지 구분해내는 것이 불가능하게 되었다. 그래서 잘 모르고 찾아오는 사람은 온천장에 와서도 온천지역이 어딘지 찾아가기는 어려울 정도이다. 일부의 유흥 요소가 남아 있기는 하나 관광지로서의 특색은 완전히 사라졌다고 할 수 있다.

그래도 온천장은 온천욕이라는 원래의 특성을 유지하고 있다. 여전히 온천물은 솟아나고 있기 때문이다. 허심청을 비롯하여 대중목욕탕, 가족목욕탕 등이 집중적으로 분포하고 있다. 그래서 누구나 온천욕을 즐기고 있다. 이후 가벼운 마음으로 즐길 수 있는 음식점, 카페, 주점 등과 숙박지가 가까이 있어서 온천욕을 위한 기능을 잘 감당하고 있는 듯하다.

동래온천 온정(溫井)을 찾아서

전통사회에서 동래온천은 온정이라고 불렸다. 온정(溫井), 즉 따뜻한 물이 샘솟는 곳이란 뜻이다. 그런 온정에 만들어진 전통사회의 온천욕 시설은 어떠했을까? 즉 조선시대의 이곳 동래온천은 어떤 모습일까?

이를 알 수 있게 하는 어렴풋한 기록이 온정개건비(溫井改建碑)[7]에 남아 있다.

글을 보면 '…돌로 두 개의 탕을 만들고 건물로 덮었는데, 건

---

7   이 비석은 동래부사 강필리가 온정을 대대적으로 수축한 공적을 기리기 위하여 세운 기념비로 온정의 유래와 효험, 수축한 건물의 남탕과 여탕을 구획한 9칸짜리 건물 상황 등에 대하여 기록하였다. 1766년(영조 42) 10월에 세웠으며 높이는 144cm, 폭은 61cm이다.

물이 낡아져 탕이 막혀 버렸다. (…) 명령하여 고쳐 짓도록 하였다. (…) (새 건물은) 무릇 9칸이나 되는데, 남탕과 여탕을 구분하였으니 상쾌하고 화려하여 마치 꿩이 날아가는 것 같았다. 지키는 집을 짓고 대문을 만들었으며 안에는 비를 세웠다…'라고 하고 있다.

이로 보건데 전통사회의 온천시설은 자연 상태의 따뜻한 물이 나오는 곳에 돌로 탕을 만들었던 모양이다. 그리고 그 탕을 건물로 덮었던 것 같다. 건물이 낡아 새로 지었을 때 9칸짜리 건물 하나로 탕을 덮었던 것으로 보인다. 남탕과 여탕은 건물 속에서 구분되었던 모양이다. 대문이 있는 것으로 보아 담벼락이 따로 있었을 것이고 그 안에 지키는 자의 작은 건물과 비석이 세워졌다고 할 수 있다.

동래온천은 지금과 같이 온천장으로 개발되면서 따뜻한 물이 샘솟는 온정(溫井)도 9칸짜리 건물도 사라져 버렸다. 그렇다면 그 위치는 어디일까? 어쩌면 건물과 함께 있었을 온정은 동래온천의 온천수의 근원지라고 할 수 있는데 그곳은 어디일까? 추적할 수 있는 단서가 없을까? 글에는 대문 안에 비석을 두었다고 했는데, 그러면 그 비석, 온정개건비가 있는 곳이 단서가 되지 않을까? 찾아가 보자.

할아버지 상이 있는 곳에서 농심호텔 건물 쪽으로 가서 농심호텔과 허심청 건물 사이의 길을 따라 가면 곰장어를 파는 집들이 이어진다. 거기서 사거리를 만나면 남쪽으로 난 길로 꺾어

스파윤슬길, 족욕탕, 용각이 한 곳에 모여 있다.

50m를 가면 정면에 노천족욕탕과 스파윤슬길이 보인다. 그 우측에 기와를 얹은 작은 문과 3칸짜리 한옥 건물이 있다. 주변과 어울리지 않는 예스런 공간이다. 약간 후미진 공간이라고도 느껴지는 곳이지만 문 앞은 여러 길이 모이는 사거리다. 문 옆에 있는 안내판에는 제목이 온정개건비라고 되어 있다. '여기다!' 안내판에는 비석과 함께 용각(龍閣)이 같이 있다고 해 두었다.

문을 열고 들어가니 왼쪽에 세월의 무게를 담은 누런 빛의 큰 비석이 먼저 눈에 들어온다. 온정개건비이다. 높다란 기단 위에 당당히 서 있다. 비석 앞에는 물을 담는 데 사용했던 돌로 된 욕조통이 같이 있다. 그렇다면 이 부근에 온정이 있었을 가능성이 높다고 단정해도 좋을까? 하지만 자세히 보면 비석과 욕조통은 이동해 와서 새로 설치된 것임을 알 수 있다. 원래 상태라면 비석이 욕조통과 붙어 있어야 할 이유가 없다. 비석의 기단도 조선시대 비석의 기단과는 어울리지 않는다. 그러면 어떻게 된 것일까? 일단 용각을 보고 다시 생각해 보자.

정면 건물이 용각이다. 처마 밑에는 용각(龍閣)이라는 한자로 된 현판이 붙어있다. 어떤 곳일까 싶어 용각의 닫혀있는 문고리를 젖혀 문을 열어 본다. 안에는 용을 깔고 앉은 용왕신 석상이 있고, 옆에는 물 담는 항아리가 여러 개 놓여 있다. 우리나라 어디에나 볼 수 있는 성황당 같은 느낌의 소박한 공간이 펼쳐져 있다. 물의 최고신 용왕신에게 온천물 주심에 대해 감사하고 마르지 않고 계속되기를 기원하는 제사를 올리는 곳

온정개건비와 용각

이란다. 천여 년을 계속해 오고 있다고 용각 바로 앞에 있는 동래온천용각재건기(東萊溫泉龍閣再建記)[8]라는 비석에서 설명하고 있다.

천여 년을 이어온 곳, 그래 이곳이 동래온천에서 가장 변하지 않은 곳이다. 그렇다면 이곳 부근이 동래온천의 근원지 온정이 있던 곳이라고 단정해도 되겠다. 안내판에서 끝부분에 적혀 있었던 '1960년대까지 이곳에서 온천수를 뽑아 올렸다'는 말도 이를 증명하는 것이 된다. 그래서 이곳 부근에 대중목욕탕이 가장 많이 집중되어 있다. 이 후미진 곳의 작은 공간, 이곳이 온천장의 심장이라고 해야 하겠다. 주변의 변화 속에서도 가장 변하지 않는 곳, 그래서 앞으로도 그 모습을 가장 오래 간직할 곳이다. 가장 오래도록 사람들과 함께 할 공간이다.

---

8   동래온천용각재건기(東萊溫泉龍閣再建記)는 1992년에 세워졌다. 비석의 옆면과 뒷면에는 용각 재건에 대한 기록이 되어 있다. 천년동안 있어 왔던 용각을 일본이 그들 식의 모양으로 바꿔놓았던 모양이다. 이것을 동래온천번영회가 중심이 되어 원래의 모습으로 되돌려 놓은 것을 기념하면서 세운 비석이다.

다시 문을 열고 나서 보니 코앞에 노천족욕탕[9]과 스파윤슬길[10]이 있다. 이 지역 모임인 동래온천번영회가 비교적 최근에 온천이 주민들과 어울릴 수 있도록 한다는 의미에서 만들어 놓았다. 다른 곳도 아닌 오랫동안 온천욕 시설이 있었던 곳, 온정이 있던 바로 그곳에 노천족욕탕과 스파윤슬길을 만들어 두었다.

동래온천은 이제 누구에게나 개방된 공간이 되어 있다. 더 이상 특정 집단, 특정 사람에 의해 누려지는 공간이 아니다. 유흥가나 관광지 수준으로 볼 것도 전혀 없다. 누구나 생활 속에 이용하는 온천욕장이 되어 주민들의 일상 삶에 여유를 더해주는 공간이라고 해야 하겠다. 그래서 요즈음은 등산이나 산책을 한 후 가족단위나 모임단위로 온천욕을 하러 들르는 사람들이 대부분이다. 완전히 시민들 삶에 녹아든 모습이다.

9 　노천족욕탕은 말 그대로 온천물을 가두어 놓고 발을 담글 수 있도록 만든 곳이다. 지나가는 사람이나 이곳 주민들이 온천을 좀 더 직접 느끼는 혜택을 누릴 수 있도록 만들어 놓았다. 온천장 노천족욕탕은 2곳이다. 정해진 요일에 따라 따로 족욕탕을 개방한다. 스파윤슬길과 같이 있는 곳과 200m 떨어진 백학스파가든이 있는 곳(할아버지 상이 있는 부근)이다.

10 　'윤슬'이란 햇빛이나 달빛에 비치어 반짝이는 잔물결을 뜻하는 우리말이다. 스파윤슬길은 길 가운데 온천물을 흘려 인공 시냇물을 만들어 놓은 길이다. 윤슬이라는 말 그대로 반짝이는 잔물결을 볼 수 있도록 만들어 놓았다. 특히 밤이 되면 물속에 만들어 놓은 전기 불빛을 통해 윤슬을 볼 수 있다.

동래별장이 남아있다

이렇게 변해버린 온천장이 일본인 그들의 유흥을 위해 만든 관광휴양지였음을 증명하는 건물 하나가 남아있다. 온천장에서 유일하게 남은 일본식 가옥이다. 쓰라린 모습을 보게 될지 모르겠지만, 지금은 어떤 모습으로 변해 있을지 찾아가 보자.

용각을 나와 금정산을 향하여 난 길을 따라가면 2차선 도로 금강로가 나온다. 그 길을 가로질러 골목 안으로 들어가면 잘 다듬은 담장이 보이고 담장을 따라가면 당장 동래별장(東萊別莊)이라는 커다란 간판이 눈에 띈다. 정문에서부

동래별장 입구

터 커다랗게 우거진 나무들이 빼곡히 들어서 있는 모습에 이미 예사롭지 않은 곳임을 느낄 수 있다. 정문에 서면 안쪽에 웅장하게 서 있는 집의 모습을 볼 수 있다. 집을 보기 전에 입구에 이를 설명하는 안내판이 있다. 먼저 보고 집을 보자.

안내판에는 온천장과 동래별장이 일본인에 의해 어떻게 개발되고 만들어졌는지를 써 놓고 있다. 일본인 주인의 성공적인 사업 수행에 대한 내용도 있다. 이 별장에는 일본 황족이 이용했음을 자랑스럽게 써 놓았다. 그리고 해방 후 이 건물이 어떻게 사용되었는가 하는 것까지 설명해 놓았다. 이곳을 향한 그들

의 영욕스런 모습을 당당히 써 놓았다. 한마디로 특정집단을 위한 것이었고, 특정인을 위한 쓰임이었다는 것이어서 마음이 좀 찜찜하기 이를 데 없다. 동래온천을 자랑하는 것인가? 이곳에서 성공한 일본인? 번성했던 온천장? 아니면 동래별장의 위용을 자랑하는 것인가?

아니나 다를까? 그런 안내판에 크게 X자로 된 칼자국이 선명하게 나 있다. 누가 칼질을 하였을까? 찜찜하기 짝이 없는 글에 대한 분노의 표현이었을까? 아니면 이곳에서 일어난 특정인들의 일을 지켜보아 온 자의 항거의 표현일까? 가감 없이 휘두른 칼자국에서 지난날 탐욕스러운 그들의 흔적을 단방에 지우려는 모습이 느껴진다. 그동안 겪어왔던 것을 생각하면 이렇게라도 해야 할 것 같은 마음이 느껴지는 칼자국이다. 그럼에도 불구하고 이런 식의 칼질당한 안내판을 그대로 세워 놓았다. 그래서 그런지 동래별장은 매우 을씨년스럽고 폐쇄적인 느낌이다.

안내판에서 눈을 돌려 정문으로 들어서려니 정문 바로 안에 있는 수위실의 아저씨가 막아선다. 안에 들어가는 것은 예약된 손님 외에는 허락하지 않는단다. 잠시만 둘러보게 해달라고 사정해 보지만 쉽게 허락하지 않는다. 신분을 밝히고 연수 차원에서 잠시 둘러보게 해 달라는 궁색한 사정을 하여 겨우 허락을 얻는다.[11] 집 한번 둘러보겠다는 것조차 거부하는 곳, 이렇게 폐쇄

---

11 동료 교사들과 함께 연수 차원에서 방문하여 신분을 밝히고 잠시 들러본 적이 있다.

적인 운영을 하는 곳이어서 살짝 기분이 상한다. 하지만 일단 진정하고 집을 둘러보자.

전형적인 일본식 2층 집이다. 주위의 우거진 정원 숲, 나무로 된 건물, 좀 어두운 느낌이나 건물 앞에 서니 집의 위용과 품위가 드러난다. 거실 유리문, 유리문 안은 잘 보이지 않는다. 아마도(雨戸)[12], 기와 등 일본의 느낌이 물씬 풍긴다. 집은 잘 지어지고 너무나 멋져 보인다.

정원도 잘 꾸며 놓았다. 큰 나무와 사이사이로 정원석을 가져다 놓았고, 일본식 돌탑도 있다. 정원석 사이사이로 물골을 두어 물이 흐를 수 있도록 만들어 놓았다. 뒤쪽으로 돌아가니 돌다리가 있는 연못도 있다. 이곳은 물의 깊이가 상당하다. 의도적이고 계획적으로 건물을 만들고 정원까지 꾸며 놓았음을 알 수 있다.

해방과 전쟁을 거치고 난 후, 이곳은 일반인에게 불하되어 음식점으로 사용되어 왔다. 그래서 정원의 일부가 개조된 모습이 보인다. 우리식 건물 팔각정이 놓이고, 건물의 뒤쪽에는 한옥도 한 채 들어서 있다. 뒷마당은 야외 결혼식을 위한 공간으로 변해있다. 더 돌아가니 건물의 일부는 음식점을 위한 주방으로 쓰이고 있다. 외부도 그렇지만 내부도 변형되었을 것이라는 생

---

12 '아마도(雨戸)'는 유리 창문 밖에 두꺼운 널빤지로 덧댄 덧문인데, 강한 비나 바람을 막고자 만들었다.

각이 든다.[13]

돌아보니 이 넓은 공간이 한 사람을 위한 별장이었다는 사실에 위압감이 든다. 당시 이와 비슷한 일본식 별장이 이곳 온천장에는 여럿 있었다는 사실을 기억하면 마음이 몹시 불편해진다. 이곳 온천장은 일본인들이 의도적으로 개발하고 투자하여 만든 그들을 위한 유흥지였던 것이다. 이러한 온천장의 실정을 동래별장은 단적으로 보여주고 있다.

하지만 그랬던 온천장은 해방 후 지금까지 지나오면서 일본의 흔적이 하나씩 사라져 가고 이제는 거의 찾기가 어렵다. 시간이 지나면서 일본식 목조건물은 오래 갈 수 없었고, 우리의 정서에도 어울리지 않았기에 자연히 도태되어 갔다. 그들 식으로 유일하게 남은 동래별장이 아직까지 그때의 위세를 풍기는 것 같지만 담벼락으로 경계를 삼고서 주위와 어우러지지 않은 폐쇄된 공간으로 어색하게 남아있다. 더구나 여전히 특정인만을 위한 공간이다. 주민들과 어울리지 않는 모습을 지속하고 있다.

이곳 주변은 최근 아파트 재개발 바람이 불고 있다. 동래별장은 재개발 지역에서 제외되었다고 한다. 재개발 후 거대한 아파트 단지가 주변에 들어서고 나면 동래별장은 또 어떤 모습일까? 지금과 같이 여전히 폐쇄되고 어울리지 않는 공간으로 남아있을까? 궁금해진다.

---

13 언젠가 손님이 되어 안을 구경한 적이 있다. 1층은 대부분 칸칸이 만들어져 음식점 손님을 위한 용도로 변형이 되어 있었고, 2층은 연회장 같은 큰 공간이 있었다.

금강공원의 변화

동래별장에서 아직도 남은 일본의 모습을 보았다면 이젠 금강공원으로 향해야 한다. 온천장과 함께 금강공원도 일본인들이 의도적으로 그들의 유흥과 관광을 위해 개발한 곳이기 때문이다.

금강공원은 처음에는 일본인 자본가의 개인 정원인 금강원이었다고 한다. 자신의 정원을 꾸미기 위해 연못과 함께 특별한 시설을 하고 특히 우리의 문화재를 이곳에 가져다 두었다고 한다. 개인정원이 완성되자 이를 과시하기 위해 나중에는 일반인에게 공개하게 된다. 그러면서 온천장과 연계된 장소가 되었다. 온천장에서 온천욕을 즐긴 사람들이 걸어서 산책하는 장소가 되고, 온천장과 금강원은 한 쌍의 관광코스로 소문이 나면서 더 많은 사람을 불러들이는 곳이 되었다.

하지만 해방 이후 금강원은 모든 시민에게 개방되면서 금강공원이 되었다. 온천장이 그랬던 것과 같이 어느 특정인을 위한 공간이 아닌 모든 시민을 위한 공간이 되었고, 오랫동안 부산 시민들의 애환이 서려있는 곳이 되었다. 그래도 그들의 영욕의 흔적은 구석구석에 존재하고 있었다. 시간이 지나면서 온천장이 달라져 버린 것과 같이 금강공원도 많이 달라져 버렸겠지만 하나하나 찾아가 확인해 보자. 어떻게 되었을까?

금강공원 올라가는 길의 망미루터. 망미루가 원래
있던 곳으로 돌아가고 난 모습

동래별장을 나와 금강로를 따라 남쪽으로 100m 정도 가니 온천성당을 끼고 언덕으로 올라가는 길이 있다. 이 길이 금강공원을 오르내리는 주도로였다. 이곳 입구에는 망미루라는 누각이 있었다. 망미루[14]는 동래부 동헌 옆에 있어서 동래를 상징하는 건물이었는데 금강원을 꾸미면서 이곳 입구에다 가져다 놓았었다. 우리의 문화재를 개인 정원을 꾸미는 데 사용한 첫 번째 작품이 망미루였다. 그리하여 오랫동안 이곳에 망미루가 있었다. 지금은 보이지 않는다. 문화재 회복 차원에서 다시 동헌 옆으로 옮겨 놓았기 때문이다. 그래! 이곳의 그들 흔적 하나는 완전히 지워졌다.

망미루터를 지나 제법 긴 언덕을 오른다. 이 언덕길은 금강공원이 최고의 유흥지였던 시절 늘 유흥객들로 북적되는 곳이었다. 그 영향으로 지금도 파전집이 몇 군데가 연이어 남아 있다. 언덕을 다 오르면 4차선 도로인 우장춘로가 나온다. 이 길 건너

14　조선 후기 동래부의 누각으로 동헌 바로 가까이에 있었다. 인정(人定 : 통행금지 시작)과 파루(罷漏:통행금지 해제)를 알릴 때 치는 큰 북이 달려 있어, 동래부의 상징적인 건물이기도 했다.

금강공원 정문이 보인다.

금강공원에 들어서면 여러 갈래 길이 있다. 이곳저곳 둘러보는 마음으로 아무 길이나 들어서 본다. 걷기 좋은 길들이 펼쳐지고 곳곳에 쉬기 좋은 공간들이 마련되어 있다. 눈길을 끄는 여러 기념비[15]들도 있고, 길마다 깔끔하게 정돈되어 있고 우거진 숲이 뒤덮고 있다. 한적하고 평온한 모습을 하고 있다.

근데 가끔 숲 속 바닥에는 오래된 시멘트 포장들도 보인다. '저것이 뭘까? 길도 아닌데 왜 저기에 시멘트 포장이 있을까?' 의문을 갖고 생각해 본다. 그렇다. 지나간 시절 장사꾼들이 난장을 벌였던 흔적이다. 이렇게 생각이 이어지고 나니

공원 곳곳에 있는 시멘트 흔적

지난날 어린 시절 금강공원에 대한 추억이 떠오른다.

아버지께서 금강공원에 데리고 간 적이 있었다. 어린 마음에 공원에 간다고 했을 때 공원에 대한 기대로 얼마나 마음이 부풀어 있었는지 모른다. 공원이란 것이 무엇인지는 정확히 몰랐지만 최소한 들판에 앉아 맘껏 뛰놀 수 있는 곳이라고 여겼던 모양이다. 하지만 그때의 금강공원은 그 기대와 전혀 달랐다.

---

15 자연보호헌장비, 이영도시비, 이주홍문학비, 최계락시비, 허종배선생기념비, 송촌지석영비, 일제만행희생자비 등

온천장에 버스를 내려서 금강공원으로 걸어가는 길이 멀기도 했지만 많은 사람들로 인해 매우 복잡기도 했다. 어린 몸으로 애써 힘을 내고 걸어서 공원을 들어섰지만, 공원으로 들어서는 순간 아연실색하며 놀라지 않을 수 없었다. 조용히 앉거나 뛰놀 수 있기는커녕 너무나 많은 사람과 장사꾼으로 인해 복잡하기 이를 데 없는 곳이었다. 길 옆 후미진 곳이나, 나무 아래 공터라는 공터는 온갖 장사꾼의 난장과 평상이 펼쳐져 있었다. 수많은 호객행위는 물론이고 음식과 함께 벌어진 술판이며, 취객으로 인한 고함 소리 등은 많은 사람 이상으로 나를 힘들게 하는 것들이었다. 아무리 둘러봐도 도저히 앉을 만한 공간이 없었다.

'어? 공원이 왜 이래? 이런 곳이 공원인가? 정말 이런 곳이 공원이란 말인가? 이런 곳이 공원이면 다시는 공원에 오고 싶지 않다.' 이런 생각으로 가득했다. 곳곳에 솜사탕, 번데기, 풍선, 인형 등 눈을 끌만한 것도 있었고, 회전목마, 범퍼카, 다람쥐통, 비룡열차 등 재미를 볼만한 것도 있었지만 아무것도 끌리지 않았다. 잠시도 쉴 만한 곳을 찾지 못한 채 이리저리 둘러만 보다가 아버지 손에 이끌려 내려왔다. 복잡하기 짝이 없는 공원에서 아버지의 손을 한 번도 놓지 않았고 놓을 수도 없었다.

1960-80년대 금강공원은 그랬다. 유흥지가 많지 않았던 시절, 금강공원은 부산에서 몇 안 되는 유흥지 중 하나였다. 유흥지랍시고 사람들이 많이 몰려드는 곳이었으니 장사꾼들 또한 몰려들었다. 공원 안은 온갖 음식을 비롯하여 유흥을 위한 장사거

리들로 가득 차는 것이 당연했다. 쉴만한 곳곳마다 이미 장사꾼의 난장이 먼저 들어앉아 있었고 돈을 내지 않고는 아무 자리도 함부로 앉기 어렵게 되어 있었다. 그렇게 생존 경쟁을 하며 살아가던 시절이었다.

지금은 그런 모습을 전혀 볼 수 없다. 난장이 들어섰던 시멘트 바닥의 흔적만 남아 있다. 언제 어느 때 그랬냐 싶게 한적하기 짝이 없는 모습으로 변해있다. 유흥지로서의 금강공원의 모습은 전혀 볼 수 없다. 이 모습이 진정한 공원같이 느껴진다.

동래금강원 비석 부근에서

정문에서 산 쪽을 향하여 곧장 올라가니 케이블카 승차장이 있다. 승차장을 지나 역시 산 쪽으로 난 길을 계속 올라가니 얼마 가지 않아 '동래금강원(東萊金剛園)'이라는 한자로 적힌 비석이 나온다. 부근에는 일본식 불상 하나와, 그 위쪽에 금강연못이라는 일본식 연못이 남아 있다.

바로 이곳이다. 이곳이 우리 문화재를 가져와 집중적으로 정원을 장식해 놓았던 곳이다. 이곳에 있었던 문화재는 동래부사 정현덕 시비, 독진대아문, 내주축성비, 이섭교비였던 것으로 알려져 있다. 이중 정현덕 시비는 동래금강원이라는 비석 옆에

공원 곳곳에 있는 시멘트 흔적

그대로 놓여 있다. 독진대아문[16], 내주축성비[17], 이섭교비[18]는 보이지 않는다. 망미루가 그랬던 것과 같이 원래 있어야 할 곳으로 이동해 놓은 것이 틀림없다. 많은 부분 그들의 흔적이 사라졌다.

흔적이 사라진 이곳은 이제 아름다운 산책로가 되어 있다. 금강공원 정문에서 이곳으로 올라와서 금강연못을 돌아 후문으로 내려가는 길은 금강공원에서 가장 좋은 산책로이다. 많은 주민들이 너무나 편안하고 자연스러운 마음으로 지나가고 있다. 이곳이 일본인 누군가가 꾸미려 했던 그런 의도를 가진 공간이었음을 아는 사람도 적겠지만 굳이 알 필요도 없다. 일부 남은 그들의 흔적[19]이 있지만 그것을 흔

---

16   1655년(효종 6)에 동래부의 군사권이 경상좌병영(慶尙左兵營)의 지휘 아래 있던 경주진영(慶州鎭營)에서 독립하여 동래독진이 되었음을 알리는 문이다. 동래 동헌의 외대문 형식으로 사용되던 것이었는데 도로가 개설되면서 금강공원으로 이동하게 되었다. 지금은 동래 동헌이 있는 곳에 다시 이동하여 복원해 두었다.

17   1731년(영조7년) 동래부사(東萊府使) 정언섭(鄭彦燮)이 조선 후기 동래읍성을 대대적으로 다시 건설하고 수축한 것을 기념하기 위하여 그 내력을 적어 1735년에 건립한 비석이다. 원래 동래읍성 남문 앞에 있었는데, 그곳에 도로가 생기면서 금강공원으로 이동해 있었다. 지금은 동래읍성 북문 안쪽에 이동하여 세워두었다.

18   이 비는 이섭교의 완공을 기념하기 위하여 세운 비석이다. 이섭교는 지금은 없어졌으나, 1694년(숙종 20)에 동래에서 수영 쪽으로 건너갈 때 건너야 하는 온천천에 놓여 있던 다리이다. 3개의 무지개 모양을 연결한 돌다리였다. 비석은 금강공원으로 이동해 있었다가, 지금은 원래 있었던 자리와 가장 근접한 곳에 이동하여 세워두었다.

19   정현덕 시비와 함께 동래금강원이라는 글귀, 일본식 불상, 일본식 연못(금강연

금강연못

적으로 여길 필요도 없다. 그저 주민들이 금강공원을 산책하는 코스의 일부가 되는 것만으로도 충분하다. 그렇게 우리 주민들의 삶에 녹아들었기 때문이다. 금강 연못은 산책 중에 만나는 좋은 휴식 공간일 뿐이다. 또 그 옆에는 산책 중에 눈요기하는 그저 예쁘고 귀여운 불상이 있을 뿐이다.

그러나 한 가지 더 남아있는 문제가 있다. 금강연못에서 산쪽으로 100m 정도 더 올라가면 거대한 자연석에 음각된 글이 있는 것을 볼 수 있다. 이 괴상한 글은 등산길에서 바로 가까이 있음에도 불구하고 눈에 잘 띄지 않아 일반인에게는 알려지지 않았다. 그리고 길의 반대편 계곡 쪽에는 일본식 13층 석탑(일명 후락탑)도 있다. 주변의 숲에 가려 잘 보이지는 않는다.

못)은 그대로 남아 있다. 정현덕 시비만 제외하면 나머지는 그대로 있는 것이 제자리다.

황기 2600년 기념비

자연석 돌에 글은 '황기 2600년 기념비'라는 큰 제목에 '금강원지'라는 작은 제목을 달고 있다. 글 내용은 금강원을 만든 사람이 이를 동래읍에 기증하고 이를 기념한다는 내용이다. '아니! 금강원을 자신이 만들고 기증했다는 것을 자랑하려고 이렇게 거대한 바위에 새겨 놓았단 말인가! 무슨 이런 경우가 있단 말인가!' 일본어로 되어 있는 이 글은 전체적으로 너무나 오만하고 과시적이다. 도도하기 짝이 없는 일본인의 모습이 역력히 느껴진다. 그것도 황기 2600년이라 하여 일본왕의 시작부터 2600년이란 것을 강조한 지극히 일본적인 글이다.

그런데 음각된 이 글에는 아니나 다를까 시멘트가 발려 메워져 있다. 해방 후 일본의 흔적을 지우려는 시도들 중에 하나가 여기에도 이뤄져 있다. 지워버리고 싶을 뿐만 아니라 깨부수어 없애고 싶은 심정이었을 것이다. 시멘트를 바른 지 오랜 시간이 지난 지금 시멘트는 음각된 글씨 속에 잘 박혀들어 있지만 돌 바탕에 시멘트 글씨를 쓴 모습으로 드러나 보인다. 이제는 어떻게 해야 할까? 그대로 둘 수는 없을 것 같다.

등산길의 반대편 계곡에 세워져 있는 일본식 13층 석탑(일명 후락탑)도 마찬가지다. 나무에 가려 잘 보이지 않을 뿐 아니라 계곡 위에 있어 접근하기도 어렵다. 숨어 있는 꼴이 이들이 남겨 놓은 마지막 흔적을 감추는 것처럼 보인다.

앞으로 이곳 금강공원은 재개발 과정을 겪을 예정이다. 이들 일본의 흔적은 어떻게 처리될지 관심 있게 지켜보지 않을 수 없다. 숲에 감춰져 있어서 지금까진 주민들과 거리감이 있어서 별문제 없이 남아 있은 듯하다. 그렇게 감춰 놓을 것이면 놓아둘 필요가 없지 않은가 싶다.

금강공원 후문에서

금강연못을 둘러서 공원의 후문으로 내려가는 금강공원 최고의 산책길을 따라 내려온다. 촘촘히 솟은 소나무와 함께 다양한 나무들이 자연 상태로 드리워져 있는 모습은 어디의 수목원 못지않다. 20분 정도면 충분히 돌아오는 이 길은 한번 돌아오고 나면 누구나 다시 오고 싶어 질 만큼 편안하고 아름답다. 후문에 다 왔을 무렵에는 동래탈춤보존회의 공연장과 건물이 있다. 그리고, 근처에는 임진동래의총 유적지와 해양자연사박물관이 있다. 시간을 내어 꼭 둘러볼 필요가 있는 곳들이다.

후문을 나오면 온천장에 빼곡히 들어선 빌딩의 숲이 눈앞에 펼쳐진다. 정면에 50층 높이의 허브스카이, 아스타 건물이 또렷이 눈에 들어오고 그 사이에도 건물들이 이어지면서 멋지게 형성된 스카이라인을 볼 수 있다. 멀리 보이는 장산이 건물에 가려 보일 듯 말듯하다. 그러고 보니 가까이 윤산, 마안산도 대부분 건물에 가렸다. 얼굴을 남쪽으로 돌려 보니 배산, 황령산도 살포 시 얼굴을 내밀고 있다.

온천장이 이렇게 변했다. 얼마나 많은 변화 속에 살아왔는 가! 우리 스스로가 놀랄 지경의 시가지를 내려다보고 있다. 이 모습 속에서는 지난날 드리웠던 일본의 영욕을 이제는 찾기조 차 어렵다. 더구나 주차장이 보이는 바로 아래쪽 온천동 지역은 주택 재개발지역으로 알려져 있다. 얼마 있지 않으면, 이곳 후문

금강공원 후문에서 본 온천장 일대

앞은 바로 아파트 단지가 가로막아설 것이다. 더구나 금강공원 마저도 공원 재개발 사업으로 새로운 변화를 갖게 될 것이다.

온천장과 금강공원.

예부터 살아오던 우리의 삶의 공간에 일본인의 탐욕이 들어와 개발이 이뤄졌던 곳이다. 이제는 그 탐욕을 뛰어넘어 우리의 삶터가 다시 잠식해 버렸다. 이런 변화의 배후에는 우리들에게 어울리는 삶의 방식이 있었고, 그 방식을 일궈가는 우리들의 삶의 힘이 있었다. 그 방식과 힘이 그들의 탐욕을 자연스레 뛰어넘게 했다. 마지막 흔적이 남아 있다고는 하나 그 흔적은 오히려 지금의 삶을 돌아보게 하는 교훈이 될 수도 있다. 지우는 것만이 잘하는 일이 아님을 알기에 지금껏 남겨 놓고 있는지도 모른다. 우리에게 더욱 어울리는 모습은 무엇일까? 주민들의 삶의 공간으로 어우러진 모습은 무엇일까? 그렇게 변화되길 기대해 본다.

III. 새로운 삶이 어우러진 곳

1 | 숨겨진 절경을 누비다,
기장 죽성리

부산에서 자연 해안이 남겨진 곳은 많지 않다. 매립지, 포구, 방파제 등이 만들어지면서 점점 자연성이 사라져 버렸다. 그래도 아직 자연 해안이 남아 있는 동해안의 경치를 맛볼 수 있는 곳이 있다. 기장 죽성리, 누구나 쉽게 가 볼 수 있는 곳이지만 사람들에게 감춰진 듯, 숨겨진 듯 느껴지는 곳이다. 이곳에서 동해 바다의 경치를 만끽해 보자.

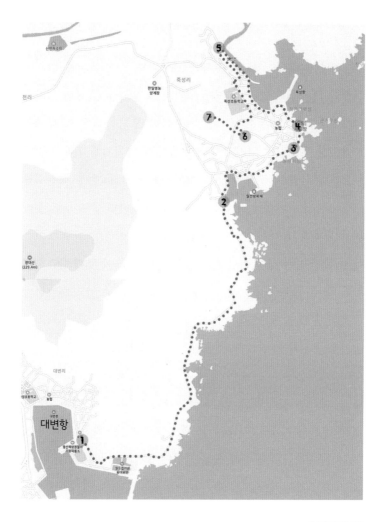

① 대변 → 노랑바위길 3km 차량 10분 → ② 월전마을 → 200m 도보 10분 → ③ 두호마을 → 200m 도보 10분→ ④ 드림성당 → 300m 도보 10분 → ⑤ 두모포진성 → 300m 도보 15분 → ⑥ 죽성리 해송 → 500m 도보 20분 → ⑦ 죽성리 왜성

노랑바위길을 아십니까?

기장의 대변(大邊) 포구 북쪽으로 가면 숨겨놓은 듯 남겨진 천혜의 해안길이 있다. 시작부터 막다른 길처럼 길 폭이 갑자기 좁아지고 절벽 같은 것이 가로막아 길이 끊어져 없을 것 같지만 꼬불꼬불 아스란히 연결되어 바닷가 길로 이어지게 된다.

여기서 월전, 두호 마을로 이어지는 약 3km 정도 해안길을 노랑바위길이라 이름 붙이고 싶다. 길 아래 바다 쪽에 노란색 바위가 펼쳐져 있기 때문이다. 처음 오는 사람이라면 누구나 부산에 어떻게 이런 길이 이렇게 남아 있을 수 있는가 하며 감탄하게 된다. 길은 소나무 숲 속을 따라 나 있고 길 바로 옆으로는 바다 물결이 손에 잡힐 듯 펼쳐져 있다. 탁 트인 바다를 옆에 두고 자동차로 운전해 가면서 해안 풍광을 있는 그대로 만날 수 있는 곳이다. 때로는 소나무 숲이 있어 숲 사이사이로 바다 모습이 드러내고, 때로는 바닷물이 찰랑대는 바로 그곳까지 도로가 내려가면서 바다와 마주칠 것 같은 느낌도 갖는다. 웅장한 맛은 없지만, 아기자기한 우리나라 동해안 바닷가에서 기대할 수 있는 맛을 그대로 느낄 수 있다. 더구나 길은 인도 없는 왕복 2차선이니 꼬불꼬불 아슬아슬하여 운전하는 느낌도 그저 그만이다. 자칫 경치에 반해 운전에 신경을 덜 썼다가는 사고 날까 염려가 되기도 한다. 차를 타고 계속 운전해 나가는 것도 좋겠지만, 적당한 곳에 세워 놓고 출렁이는 바다와 파도, 기암괴석이 어우러진 모

노랑바위

습을 보며 잠시 머물렀다 가는 것도 좋다.

차에서 내리자마자 길에서 한발 내려가니 유별스런 황금색 해안 바위 지형이 그대로 노출되어 있다. 바위에 바로 부딪히며 흰 거품을 내뿜는 파도는 활기 넘친 동해 바다의 진수를 보여준다. 바위 사이사이로 들어와 찰랑대는 파도는 때로는 숨죽일 줄 아는 자연현상의 일면일 것이다. 노랑바위에 서서 바다를 바라만 봐도 왠지 대지를 다 품은 듯 흐뭇하다. 그냥 지나가버리면 정말 아까운 곳이다.

대도시 부산의 해안은 도시화와 더불어 대부분 자연성을 잃어버렸다. 350만의 대도시 인구의 편의를 위해, 우리나라 제1의 항구를 만들기 위해, 자연 해안을 없애고 매립하여 새로운 땅을 만들고, 부두를 만들고, 포구를 만들고, 방파제를 만들고 그렇게 해안을 콘크리트라는 인공물로 뒤덮어 버렸다. 부산의 해안은 전체의 30%만 자연성을 유지하고 있다고 한다. 이러한 자연성은 점점 더 줄어가는데 그중에 남아 있는 곳이 노랑바위길이다.

이곳도 지나다 보면 언제 없어질지 모른다는 위기감이 앞선다. 길이 시작되는 곳에는 이미 동해어업관리단, 동아조선 같은 큰 기업이 들어서 있고, 길의 가운데쯤은 바닷물을 민물로 만드는 공장인 '기장해양정수센터'도 보인다. 도시 문명의 힘이 지척에 와 있다. 한번 인간의 손길이 닿아 버리면 다시 되돌리기는 불가능한 자연성. 이렇게라도 남아있어 다가갈 수 있는 것이 고마울 뿐이다. 지금의 좁은 아스팔트 길마저도 자연스럽게 느껴진다. 길을 넓히고 새롭게 포장하는 일마저도 하지 않았으면 좋겠다. 있는 그대로의 모습이 좀 더 유지되었으면 한다. 이렇게 아스란히 유지되고 있어서 더 귀한 길이다.

물마루의 위협에 현기증이 나던 곳

아스라한 길을 달려오면 월전이라는 마을에 도달한다. 마을 입구 전망 좋은 곳엔 이미 예쁜 카페와 음식점이 세워져 방문객을 먼저 맞이한다. 당연히 들어가서 편안한 마음으로 요기를 하고 싶어진다. 끼니때가 아니라면 카페에서 차라도 한잔하고 싶은 느낌을 거부하기 어렵다. 여전히 넘실대는 바다와 파도는 카

페 부근 바위에 부서지고 있고, 카페를 지으면서 남겨 놓은 자연 해송은 그림 같은 전망을 연출하고 있다. 가까이에 펜션도 보인다. 편안하게 앉아 쉬면서 한껏 바다 풍경을 감상하고 누리고 싶은 유혹은 뿌리치기 어렵다.

마을로 들어가니 한껏 느낀 해안 풍광의 아름다움을 반감시키는 모습이 당장 펼쳐진다. 좋았던 마음을 잠시 접어 두어야겠다. 마을은 자연 상태를 잃고 많이 변해 버렸다. 마을 앞에 있었던 갯가에는 마을 보호를 위한 방파제가 들어서 버렸고, 포구와 어우러져 한 폭의 그림을 연출했던 해안 바위, 해안 몽돌은 더 단단한 포구가 만들어지면서 대부분 사라져 버렸다. 자연 해안선이 전부 흰색 콘크리트로 뒤 바뀌어 버렸다. 덕분에 자동차는 여지없이 시원하게 통과할 수 있다. 자연 어촌 마을의 한적한 풍경은 찾을 길이 없다.

사실 이곳은 우리나라 동해안의 전형적인 어촌 마을이었다. 30년 전 이곳에 왔을 때 마을이 바다와 어우러진 갯내음 가득한 자연의 정취를 맘껏 느낄 수 있었다. 마을 집 있는 곳 바로 아래까지 파도가 밀려오고 있었고, 밀려오던 파도는 곳곳에서 갯바위를 만나 부서지고 있었다. 멀리 넘실대는 바닷물은 곧 이 작은 마을을 뒤덮어 삼킬 것 같은 느낌이었다. 바다의 용왕이 잠시만 몸부림치면 금방 큰 물결이 일어 뒤덮어 버릴 것 같은 마을, 거꾸로 용왕이 보호하고 있기에 마을 가까이 물결은 잔잔하기만 하고 그렇게 평화로움이 느껴지는 마을이었다.

동해 바닷가 마을은 그랬다. 마을 갯가에 서면 먼 물마루가 코앞에 있는 것 같았다. 조금이라도 물결이 더 넘실거리면 곧 나를 집어삼킬 것 같았고, 잠시만 보고 있어도 울렁증에 현기증이 일어났다. 그러나 마을 가까운 물결은 신기하게도 숨죽이듯 작아져 있었다. 아무리 오래 서 있어 봐도 넘실거리던 물결은 여전히 넘실거리기만 하고, 정작 밀려오는 파도는 둥글게 동심원을 그리면서 발 앞에 와서는 찰랑거리고 있을 뿐이었다. 그날만 그런 것이 아니라 매일, 매 순간 그랬고, 그랬기에 그토록 바다 가까이에 집을 짓고 살 수 있었다. 그것이 참으로 신기하기만 했다.

파도가 포말이 되어 부서지고 나면 바다 밑의 자갈돌이 손에 잡힐 듯 아른거리는 곳이었다. 신발을 벗고 당장이라도 들어가 자갈돌 위에 서고 싶은 충동을 느끼게 했다. 그런 해안에서 마을을 이루며 살아가고 있었다. 그곳에서 사람들은 미역을 널

물마루 넘실대는 동해 바다

고, 생선을 말리고 있었다. 바다라는 자연에 의지하고 기대어 살아가는 일상을 볼 수 있는 곳이었고 그런 생동감 있는 삶을 느낄 수 있는 곳이었다.

둘러보니 그 시절부터 있었을 법한 집들은 마을 안쪽에 일부 남아 있다. 문을 걸어 놓은 듯 조용하고 사람들의 인기척을 느끼기 어렵다. 해안을 끼고 장사를 하는 곳은 시끌벅적 들뜬 분위기이지만 한발 안쪽 마을은 지나치게 고요하다. 사람을 대상으로 살아가는 곳은 화려함으로 빛나지만 자연에 기대어 살아왔던 사람들은 보이지 않는다. 해안가는 더 역동적이면서 물질적으로 풍성한 모습이 눈에 가득 들어온다. 횟집의 모양새도 비교할 수 없을 정도로 화려하게 변했다. 마을 해안가는 전부 콘크리트 주차장이 되어있다. 변하고 달라져 버렸다. 변화된 모습이 이곳의 일상이 되었다.

월전을 지나 붙어있는 마을이 두호마을이다. 여기서부터는 그냥 걸어서 가는 것이 좋다. 횟집, 장어집이 즐비해 있고 호객 행위를 하는 사람이랑, 회시장의 시끌벅적한 모습도 볼 수 있다. 가까이 있는 방파제 위를 올라가면 또 다른 바다의 정취를 맛볼 수도 있다. 무엇보다 공원으로 마련해 놓은 정자도 바다 구경에 한몫을 하고 있다. 노랑바위길을 따라올 때 느꼈던 동해 바다의 풍경을 다시 누릴 수 있다. 마을을 배경으로 펼쳐지는 해안의 모습, 어디에도 비길 수 없는 이곳만의 정취일 것이다.

노랑바위 언덕 위 성당과 황학대

이곳에 드라마 세트장으로 잘 알려진 성당이 세워져 있다. 성도가 없어서 미사도 없는 성당이다. 그림 같은 성당이라 드림 성당이라고 이름 붙여 놓았다. 이 마을에 오면 누구나 성당으로 발길을 옮긴다. 이곳을 다녀간 사람들이 찍어 올려놓은 사진들이 기가 막히기 때문이다. 바닷가 노랑바위 언덕 위에 세워져 있어 운치가 한층 더해진 그런 성당이다.

바다가 좋은지 바위언덕이 좋은지 아니면 성당이 좋은지….

바다만 있으면 이토록 많은 사람들이 오지는 않을 것이다. 바위언덕만 있어도 그렇게 사진을 찍어대지 않을 것이다. 바닷

노랑바위 위의 성당

가 바위언덕 위에 성당을 올려놓으니 많은 이들의 입방아에 오르내리는 곳이 되었다. 그래서 누구나 오자마자 연신 카메라를 들이댄다. 바다, 바위, 그리고 성당이 어울리는 장면을 찾아 성당 안팎의 구석구석을 들여다본다. 행여 좋은 장면을 놓칠까 여러 가지 포즈 취하기를 주저하지 않는다. 정말 절묘한 곳이 되어 있다. 이곳을 찾는 사람들의 볼 맛을 한껏 높여주는 명물이 되어 있다.

그런데 한 가지 꼭 알고 가야 할 것이 있다. 성당이 있기 전에 이곳의 운치를 한껏 높여 주던 또 다른 것이 있었다는 사실이다. 바닷가 바위 언덕 위의 성당과 똑같은 꼴을 한 소나무였다. 황학대라고 불리었었다.

성당 정문 앞에 서서 우측 편을 보면 바위 위에 몇 그루의

성당에서 본 황학대

소나무가 서 있는 것이 보인다. 주변의 노란 바위에 유독 푸른 소나무 몇 그루가 얹혀 있다. 이곳에 학이 와서 살고 있었다는 것이 그려지는가? 바닷가 파도가 넘실대는 이곳에 신선이 하늘에서 내려온다면 노란색 바위와 소나무 숲에 학이 놀고 있는 이곳을 당연히 눈여겨보았을 것이다. 지금은 주변에 마을 도로가 만들어지면서 옛 모습은 사라지고 주변과 어울리지 않게 천덕꾸러기 모양의 우스운 꼴을 하고 있다. 이 세대 사람들에게는 버려진 듯 밀려나 버렸다. 도로가 생기기 전 옛 모습을 기억하고 있는 사람들이 이곳에 오면 이렇게 변해버린 황학대의 모습을 보고 '어찌 이럴 수 있는가!' 하고 아연실색의 탄식을 내어 뿜는다. 지금도 여전히 황학대는 있지만 아무도 눈여겨보지 않는 곳이 되어 있다.

이곳에 성당이 없었다면 황학대의 모습을 보고 분노하는 사람은 더 많았을 것 같다. 성당으로 인해 오히려 위로받는다고 해도 될까? 옛 세대가 남긴 황학대 대신 이 세대의 분위기에 맞는 성당이 탄생한 것에 박수를 쳐줘야 할지 모르겠다. 옛 황학대의 운치를 지금은 성당이 충분히 채워 놓고 있는 것 같다. 바닷가 바위언덕 위에 성당이 있어서, 그 운치가 너무나 매력적이어서, 일단 그것에 취해 만족하고자 한다. 황학대를 모르는 이 세대 사람들은 그저 성당이 있어 좋은 곳이 되어 있으니 말이다.

숨겨진 유적, 두모포진성

드림성당을 지나 황학대를 돌아 반대편 포구로 가니 죽성천이 흘러내려오고 있다. 바다와 하천이 만나는 자연스럽고도 절묘한 모습이 눈앞에 펼쳐진다. 여기 바다는 또 다른 모습이다. 포구 주변에 마을이 있지만 인적은 드물고 한적하여 고요함이 와 닿는다.

죽성천

왜 이렇게 느낌이 다를까? 갑자기 너무나 평안하다. 강 따라 걷지 않을 수 없다. 고요함이 점점 휘감는다. 아니 이곳은 왜 이렇게 고요하고 평화로울까? 왠지 싶어 눈을 들어 사방을 살펴본다. 포구를 벗어나면서 집들의 숫자는 점점 적어지고 있다. 강은 한가득 물을 안고 흐르다가 바다를 만나 흐름을 죽이고 호수처럼 고요하게 머물러 있다. 강 건너편 대나무 숲이 빽빽이 보이고 강을 따라 풀숲이 자연 그대로 자라나 있다. 이곳은 인공이 전혀 없는 강줄기가 아닌가! 지금 걷고 있는 강변길은 콘크리트인데 강 건너편은 완전 자연 그대로의 강변이다. 집도 없다. '아하! 그래서 이렇게 고요하구나! 그래서 평안하구나!' 어째서 저 건너는 인간의 손때가 묻지 않았을까? 신기하기만 하다. 아직도 저런 곳이 남아 있다는 것이 정말 신기하다. 이런 강을 따라 걸어가는 것이 정말 좋다는 생각이 절로 든다.

조금 가자니 '길 없음' 안내판이 붙어 있다. 길은 계속 나 있지만 막다른 길인 모양이다. 어차피 걷는 길이니 이 느낌 그대로 막다른 곳까지 걷고 싶다. 조금 더 걸으니 왼쪽 편 논 있는 쪽 돌로 된 둑이 일렬로 죽 나열되어 있다. 이건 또 뭐지 싶다. 논두렁이 있어야 할 자리에 이렇게 큰 돌이 성돌처럼 똑바로 놓여 있단 말인가? '웅? 성돌? 이 돌이 성돌이었구나!'

좀 전 월전 마을을 지나 두호마을로 접어들었을 때, 포구 가운데에 두모포라는 지명이 새겨진 바위가 있었던 것이 기억난다. '두모포 풍어제터'라는 글귀였는데 이곳의 옛 지명이 두모포

두모포 진성의 흔적은 멀리 언덕으로 이어진다.

이곳이 두모포임을 알리는 바위

라는 사실을 알려주는 것이었다. 그렇다. 이 돌은 두모포진성[1]의 흔적이다. 그 흔적이 지금도 남아 있는 것이다. 우리나라 성의 흔적이라는 것이 늘 그렇듯이 방치된 상태가 대부분이다. 이곳도 예외가 아니다. 순식간에 또 이런 생각이 또 든다. 진성의 오롯한 모습이 그대로 서 있다면, 그리고 강과 바다와 노랑 바위 위의 성당이 있다면, 이 곳을 찾는 이는 더 보고 이야기할 게 많을 것이 아닌가? 이곳 두모포진성도 잘만 관리되면 좋겠다 싶은 생각이 든다. 그러나 이곳은 안내판조차도 하나 없다. 아무도 알 길이 없게 되어 있다.

여섯이 하나 되다, 죽성리 해송

드림성당, 황학대, 죽성천을 돌면서 어디에서나 느껴지는 광경이 하나 있다. 마을 뒷산의 모습이 예사롭지 않은 것이다. 죽성리 왜성이라고 알려진 곳이다. 월전, 두호마을 어디에서나 보인다. 산머리에 시루떡 같이 돌이 쌓인 것이 훤히 보인다. 오르고 싶은 강한 유혹이 생겨난다. 그냥 갈 수가 없다.

두모포진성에서 다시 마을로 들어와 죽성초등학교 정문에 이르고 남쪽으로 난 언덕길을 올라가니 얼마 가지 않아 안내판

1　1510년(중종 5)에 만들어진 둘레 1,250척, 높이 규모의 석성이다. 그 경계선을 이어가면 산 언덕으로 이어지고, 언덕 정상에도 성의 모습이 남아 있다.

멀리서 본 죽성리 왜성

두 개가 나온다. 죽성리 해송과 죽성리 왜성의 갈림길을 표시하고 있다. 어차피 갈 길이라면 두 군데 모두 가 보아야겠다. 오르막길인 왜성은 나중에 가고 가까운 해송을 먼저 들렀다 가는 것이 좋겠다.

해송 쪽으로 방향을 잡으니 멀리 보이는 언덕에 소나무 한 그루가 우뚝하니 버티고 있는 게 보인다. 걸음걸음 해송을 향해 점점 다가가면서 한마디 외치지 않을 수 없다.

'야아~ 그 소나무 진짜 멋지게 생겼다.'

놀라운 것은 가까이 가서 보니 한 개의 나무가 아니다. 다섯 개의 소나무가 한 곳에서 어울려 가지를 뻗어 있어 하나의 소나무 모양을 이루고 있다. 절묘하다. 어느 곳에서도 볼 수 없는 자태를 지니고 있다. 다섯 그루를 하나로 볼 때 이보다 큰 소나무를 본 적이 없다. 보호수로 지정되었다는 글이 적혀있다. 다섯 그루의 나무 사이에는 제당이 아담하고도 딱 맞게 들어앉아 있

죽성리 해송

다. 너무나 절묘하게 잘 어울리는 모습을 하고 있다. 이곳 두호마을의 마을 제당[2]일 것이다. 크게 보니 해송은 멋 부리기 위해 파마하여 잔뜩 부풀려 꾸며 놓은 머리카락 같고 제당이 얼굴 같

해송 사이의 산당

다. 아니면 해송이 나뭇가지면 그 사이에 깃들인 새둥지 같다. 어쨌든 완전히 둘이 하나가 되어있다. 아니 여섯이 하나가 된 모양새다.

해송은 가지를 뻗고 늘어뜨려 넓은 동산을 다 차지하고 있다. 이 정도면 제를 지내기 넉넉한 공간이 되겠다. 제당은 문이

---

2   마을 당집이다. 국수당이라고도 하는데, 두호마을의 수호신인 할배신에게 마을의 평안과 풍요를 비는 제사를 지내는 공간이다. 두호마을에서는 5년에 한 번씩 동해안별신굿을 치른다.(유승훈, 부산은 넓다, 2013)

굳게 잠겨 있지만, 그 앞에 서 있으면 이곳 전체의 분위기가 와 닿는 것 같다. 조금만 있어도 거대한 나무 아래 위압당한 느낌이다. 아니면 나무 그늘이 주는 어두움 속의 스산함이라고나 할까? 그런 것을 신령스럽다고 해야 할까? 그만큼 특이한 공간이 되어 있다. 이곳에 오게 되면 누구나 제당을 중심으로 자연스레 동산을 한두 바퀴 돌게 된다. 처음에는 해송에 파묻힌 산당의 절묘함에 주목하다가, 조금 더 지나면 해송이 드리운 그늘에 취하게 되고, 나중에는 그런 신령스러운 분위기에 휩싸여 버리는 것 같다. 또 어디 가서 이런 분위기를 느낄 수 있겠는가! 어디 가서 이 절묘한 조화를 볼 수 있겠는가!

어쩌면 전통사회에선 마을의 수호신을 모신 제당이 있는 곳은 대부분 이런 분위기였을 것이다. 그렇게 신령스러운 공간이 방방곡곡 어디에나 있었다. 전통을 넘어 근대, 현대로 접어드는 과정에서 문명의 이기는 이러한 분위기를 무시하였고, 때로는 생존을 위해 때로는 또 다른 삶의 터전을 위해 이런 공간은 대부분 희생되고 말았다. 그나마 이곳은 그 분위기를 그대로 유지하고 있는 몇 안 되는 곳이 되어 있다. 나무만 보호수가 되어야 할 것이 아니라 제당도 포함하여 넓게 펼쳐진 동산 전체가 보호되어야 할 영역으로 보인다. 참 좋은 모습으로 남아 있는 것이 감사하다.

동해 바다를 내려다보는 감격

해송을 보러 들어갔던 길을 다시 돌아 나와 왜성으로 향한다. 약간의 경사를 산에 오르듯 올라간다. 쉽게 올라갈 수 있도록 꾸며진 데크로 된 계단을 만난다. 계단이 끝날 즈음 돌로 된 왜성의 모습이 드러난다. 전형적인 일본성의 모습이다. 70-80°의 경사를 유지한 채 성을 쌓은 모습이 또렷하게 남아 있다. 성을 확인하니, 계단을 따라 올라오던 길에 옆으로 해자가 있었다는 것도 그려진다. 왜성에선 항상 그렇듯이 성이 있고도 올라가면 또 성이 있다. 이중 삼중으로 겹겹이 성을 쌓은 모습이다. 아래 성에 다다르고 위 성으로 가려면 입구는 또 항상 돌아가도록 되어 있다. 그런 특이한 왜성의 모습을 완전하게 볼 수 있다. 그렇게 얼마 가지 않아 산 정상에 도달한다. 정상이 곧 왜성의 꼭대기다. 주위의 일대가 한눈에 다 보인다.

'우와!' 이런 감탄사가 절로 나온다. 탁 트인 바다가 눈앞에 펼쳐진다. 가슴이 탁 트이는 푸른빛의 바다다. 그 끝자리에 흰색 포말로 변한 파도는 끊임없이 바위에 부딪히고 있고, 내리쬐는 햇살은 바다와 마을을 마음껏 뒤덮고 있다. 햇살을 만난 바다의 푸른빛은 은빛 아니 눈부신 흰빛으로 변하여 그 현란함에 눈을 돌리게 할 정도다. 멀리서 들려오는 파도소리마저도 귓전에 아련하다. 인기척도 들리지 않는 해안가 마을은 평화 그 자체다. 좀 더 바라보고 있노라면 바다가 온 눈을 휘감는 것 같다. 푸

왜성에서 본 죽성리 해안

른색 물결 더미가 온몸과 마음을 뒤덮는다.

월전에 들어선 카페가 소나무 사이로 보인다. 포구의 등대도 보이고 드림성당도 보이고, 황학대도 보이고, 노랑바위도 마을 사이사이로 언듯언듯 그려진다. 고요히 흐르는 죽성천도 보인다. 죽성천이 흘러 바다로 들어가는 모습은 또 다른 자연스러움으로 연출되고 있다. 좀 전에 보았던 제당을 뒤덮은 해송도 더욱 또렷이 보인다. 이곳에서 보아도 말로 표현하기 어려운 신령스러움이 묻어난다.

왜성에서 아래로 내려다보는 바다는 해안가에서 바라보던 바다와 정말 다르다. 언젠가 진주에 살던 후배 녀석을 데리고 이곳에 온 적이 있었다. 녀석은 이 광경을 한마디로 '부산의 바다가 이렇게 아름다운 줄 몰랐다'고 표현했다. 아름답다는 말 이상

뭘로 더 표현할 수 있겠는가!

성의 꼭대기에는 사방 50m 정도로 평지가 펼쳐져 있는데, 잡풀이 우거져 있지만 여기도 한 바퀴 돌아봄직하다. 바다 반대편 너머로는 얕은 산들이 있고 그 너머로 신앙촌[3]의 집단 거주지도 보인다. 일반 사람들이 접근할 수 없다는 곳인데 그 범위가 상당히 넓어 보인다. 신앙촌의 영향 때문인지 죽성천 건너편은 사람들이 접근할 수 없도록 철조망이 쳐져있다. 그 철조망이 바다가 있는 쪽으로 이어지고 해안에도 설치되어 있다. 아무도 들어갈 수 없기 때문인지 놀랍게도 자연 그대로의 땅이 보인다. 아까 죽성천 건너편이 자연 상태로 남아 있었던 이유가 바로 이 '신앙촌의 힘' 때문일 것이다. 분명 저들의 힘이 아니었으면 누군가에 의해 이미 파괴되거나 변형되었을 것이다. 바로 건너 가보고 싶을 정도로 유혹적이다. 갈 수 없어 아쉽기는 하지만 바라만 보는 것만으로도 왠지 기분이 좋아진다. 저런 땅이 남아 있다는 것이 신기할 뿐이다. 이유야 어찌 되었든 지금과 같은 천연 상태의 자연이 오래도록 유지될 수 있기를 바랄 뿐이다. 때가 되면 그 누구도 아닌 시민 모두에게 되돌려지기를 기대해 본다. 이 기대[4]처럼….

죽성리 해안가, 이곳의 구석구석을 돌다 보면 동해바다와

---

3 천부교 교인들의 공동생활 거주지

4 오랫동안 군사작전지역으로 묶여 민간인의 출입이 금지되어 자연 상태를 유지할 수 있었다. 1993년에 개방하여 지금은 시민들을 위한 공원이 되었다.

해안이 아름다움을 넘어 신령스럽다. 수천 년을 이곳에 의지하여 살아왔던 사람들이 겪어왔고, 느껴왔던 마음이었다. 이는 자연이 준 감동이자 경외감이다. 이런 마음을 품고서 죽성 왜성에서 내려온다면 월전, 두호 마을에 가서 회나 장어구이를 먹으면서 이곳에 머무는 시간을 더 갖는 것이 마지막 도리일 것이다.

....

그런데 이런 죽성리 왜성을 이제는 오를 수가 없다. 2019년 10월경 답사하는 과정에서 어처구니없는 모습을 확인하였다. 죽성리 왜성을 오르는 데크 계단에는 이미 들어갈 수 없다는 안내문이 있는가 하면, 왜성의 입구에는 철조망이 설치되어 있어 성 안으로 들어가지 못하도록 되어 있다. 성안으로 들어서서 성 위에서 동해 바다를 내려다 볼 수 있어야 하는데 전혀 그러지 못하도록 해 두었다. 죽성천도 마찬가지다. 하천을 따라 철조망을 설치하느라고 자연 상태의 하천을 다 헤쳐 놓았다.

무슨 이런 일이 있는가 싶은 망연자실하는 마음으로 기장 군청의 관계자를 통해 알아보았다. 이곳 죽성리 왜성의 많은 부분이 신앙촌 재산이라고 한다. 최근에 와서 이들이 사유재산으로 활용하게 되면서 이런 상태를 만들어 놓았다고 한다. 왜성을 오르기 전에 멀리서 봐도 성 위에 비닐하우스가 설치된 것이 보이면서 저것이 뭔가 이상하다 싶은 생각이 들었는데 이 꼭대기에 농사를 짓고 있는 것이다. 그리고 일반 사람들은 들어오지 못하는 구역으로 만들어 놓은 것이다.

뭐라고 해야 할까? 닭 쫓던 개 지붕 쳐다보는 꼴이라고 할까? 좀 더 온전한 상태에서 시민들에게 돌려지기를 기대하는 소박한 심정이 매우 허탈해진다. 가지고 있던 것마저도 빼앗긴 느낌이다. 가진 자의 횡포라는 생각에 분노가 치솟는다. 앞으로 어떻게 일이 진행될지 알 수 없으나 이런 상태로 내버려둬선 안 되는 것만은 분명하다. 이곳이 왜성이든 문화재이든 그런 문제를 떠나 이 땅은 어떤 특정집단, 특정 권세자의 몫이 아니지 않은가! 모든 사람들이 함께 어울리고 누려가야 할 공간이지 않은가! 그런 면에서 일이 거꾸로 되어 버린 지금의 모습은 정말 한탄스럽다. 그러면서 언제 다시 올까를 생각한다. 그 때는 왜성에서 내려다보는 동해의 아름다운 경치을 다시 볼 수 있을까?

2 대도시 근교지역의 현장, 강서 신장로 마을

강서구 신장로 마을은 대도시 부산의 대표적인 근교지역이다. 모래톱에서 시작하여 농사지역으로 변하더니 근교농업지역으로 발달하였다. 지금은 수많은 공장과 창고가 들어서면서 농사마저 밀어내고 있다. 그러고도 더 큰 변화로 술렁이고 있다.

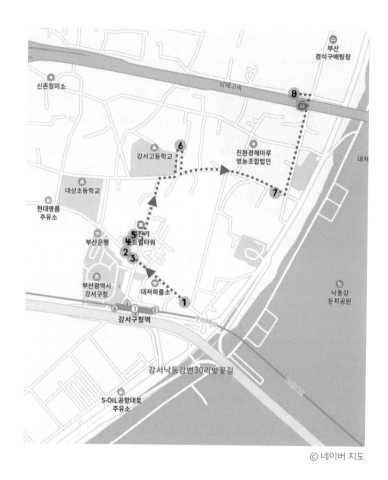

ⓒ 네이버 지도

① 신장로 → 300m 도보 10분 → ②대저수리조합기념비 → 10m 도보 1분 → ③ 대저 조합순직자위령비 → 10m 도보 1분→ ④ 강서도시재생열린지원센터 → 10m 도보 1분 → ⑤ 문화창고 → 300m 도보 10분 → ⑥ 일본식가옥(1)(소나무정원) → 400m 도보 15분 → ⑦ 일본식가옥(2)(배저장고 집) → 400m 도보 15분 → ⑧ 일본식가옥(3)(낙 동강700리)

신장로에 나가 봐라

'신장로에 나가 놀아라, 신장로에 누가 오나 가봐라'

신장로 마을의 신장로

나이 지긋하신 분들이 어린 시절을 추억할만한 말들이다. 자동차가 별로 없던 시절의 신장로는 아이들의 놀이터였다. 원래 '신장로'가 아니라 '신작로(新作路)[1]'라는 것쯤은 누구나 알고 있다. '신작로'라고 발음하기 힘드니까 '신장로'라고 소리 나는 대로 부르던 것이 이곳에는 마을 이름이 되면서 아예 '신장로 마을'이라는 말이 되어 버렸다. 지금은 수많은 도로가 생겨나면서 '새로 생겨난 도로'라는 의미의 '신작로'는 퇴색되어 버리고 따라서 말도 사라져 버린 지 오래지만, 이곳에 오면 마을 이름을 통해 정겨운 옛 모습을 추억하게 된다.

신장로 마을의 신장로는 옛 구포다리[2]가 생겨나면서 함께 만들어진 도로였다. 구포에서 구포다리를 건너오면 바로 신장

---

1 전통사회에서 좁고 구불구불했던 길을 정식으로 길을 넓히며 새롭게 길을 내는 일이 전국적으로 있었는데 그 길을 전국 어디에서나 신작로(新作路)라고 했다. 새로 만든 도로라는 뜻이다.

2 옛 구포다리 : 구포교라고도 하는데, 1932년부터 2008년까지 있었던 다리이다. 낙동강에 건설된 최초의 다리로 개통 당시 국내는 물론 아시아에서도 가장 긴 다리이기도 하였다. 현재는 구포대교가 그 역할을 대신하고 있다.

로로 연결되어 있었기에 구포에서 김해나 명지로 가려면 꼭 신장로를 거쳐 가야만 하는 중요한 역할을 하는 길이었다. 하지만 옛 구포다리가 없어지고 구포대교[3]가 만들어지면서 구포와 김해를 연결하는 길은 신장로 남쪽으로 나 버리고, 게다가 낙동강 하구둑이 건설되면서 하단에서 명지로 바로 가는 길이 열리게 되어, 지금 신장로에는 마을에 들어오는 자동차들만 드문드문 지나가는 길이 되었다.

신장로는 직선으로 난 왕복 2차선이다. 길 옆에는 1층의 건물들이 단정하게 붙어 있고 플라타너스 가로수도 굵기를 자랑하며 정취를 뽐내듯 서 있다. 여느 시골의 거리와 다를 바 없는 단아한 모습을 그대로 드러내고 있다. 이 신장로 마을에서는 최근 '금수현[4] 거리'라고 이름을 붙여 놓았다. 이곳 출신 음악가 금수현의 이름을 빌려 마을의 의미를 새롭게 해 보자는 취지이다. 길난간을 따라 'ㄱㅡㅁㅅㅜㅎㅕㄴ'이라는 간판 글귀가 보인다. 또 '♪, #' 등 음표도 보이고 가곡 '그네'의 가사를 적어 놓은 글판도 보인다. 혹시나 그네 타는 곳을 만들어 놓

금수현 거리

---

3 구포대교 : 구포교(옛 구포다리)가 노후되면서 바로 옆에 대체 교량으로 건설된 왕복 6차로의 다리이다. 2008년 구포교가 해체된 후 구포와 강서구 대저동을 이어 김해로 가는 국도 14호선 역할을 수행하고 있다.

4 금수현 : '그네'라는 가곡을 작곡하였고, 우리말로 된 음악 용어를 보급하는 데 큰 공헌을 하였다.

왔나 싶어 둘러보지만 보이지 않는다. 더 이상은 없다. 허전하다. 아직은 금수현 거리가 어울리지 않는다 싶다. 그리고 사덕시장이 보인다. 1, 6일에 장이 서는 5일장이다. 신장로 마을이 사덕리에 속하기 때문에 시장 이름이 사덕[5]이다. 이곳이 모래언덕으로 뒤덮였던 지역이었음을 나타내는 말이란다.

그런데, 거리의 가운데쯤 되었을까? 길가 바로 옆에 보란 듯이 서 있는 비석이 눈길을 강하게 끌어당긴다. 그 옆에도 또 한 개의 비석이 보인다. 어떤 비석일까? 아주 당당하게 서 있는 모습이 예사롭지 않다. 한 개는 정면을 향해 서 있고, 한 개는 옆으로 돌아서 있는데 둘은 거리가 좀 떨어져 있다. 가까이 가 보자.

분노와 울분이 새겨진 비석

정면을 향해 있는 비석 앞으로 먼저 가 보았다. 비석은 매우 당당하다. 비석의 기단이 사람 키 높이로 쌓아져 있어 단 위의 비석의 글을 보려면 고개를 쳐들고 우러러봐야 한다. 비석에 담긴 내용을 의도적으로 드러내려는 뜻이 있는지 과시적인 모습을

---

5 사덕의 한자는 沙德이다. 이 지역에 많았던 모래언덕을 표현한 말이다. 모래언덕에서 '모래'는 沙라는 한자를 따 왔고, '언덕'은 德자의 소리를 빌려온 것이다. 우리 지명이 기록화되는 과정에서 쓰인 한 형식이라고 할 수 있다. 모래언덕을 뜻하는 '沙丘(사구)'라는 말이 있지만 이는 너무 흔히 쓰이던 용어였으므로 지명화하기는 어려웠을 것이다.

넘어 교만한 모습으로 서 있다. 세워질 때부터 분명 힘 있는 자의 과시욕이 작용했던 것이 분명하다.

비석을 보면 앞면 중앙에 위에서 아래로 '대저수리공사기념비(大渚水利工事記念碑)[6]라고 매우 크고 또렷한 글씨로 새겨져 있다. 음각된 깊이도 깊어 글이 힘 있고 시원스럽게 보인다. 근데 그 좌측에는 작은 글씨가 아래로 길게 한 줄 쓰여 있는데 첫머리 '경상남도(慶尙南道)'라는 글자는 보이는데 그 아래로는 도무지 읽을 수가 없다.

대저수리공사기념비

'아니! 한자가 너무 어려운 글자인가!'

눈에 힘을 주어 보지만 잘 보이지 않는다. 세월이 오래되어 마모된 것일까? 어찌 된 걸까? 한참을 글을 보고 서 있게 만든다.

글을 자세히 보고 있으니 또렷하게 새겨진 '경상남도'라는 글자에 비해 잘 보이지 않는 부분이 이상하게 느껴진다. 세월이 '경상남도'는 그대로 두고 아래 부분만 마모시킬 수는 없다는 생각이 든다. 왜 이렇게 전혀 읽을 수 없을까? 어찌 된 것인가? 마

---

6   대저수리공사기념비 앞면에 기록된 글
大渚水利工事記念碑 : 대저수리공사기념비
慶尙南道 ○○○○○○○○~~~~ : 경상남도

비석이 훼손된 모습

모된 글은 분명 경상남도와 관련된 어떤 공식적인 글귀가 있어야 할 것 같다. 또 한참을 보고 서 있으니 이것은 자연스러운 마모라기보다 의도적인 훼손이라는 느낌이 확 든다. 그렇다. 이것은 의도적으로 글을 훼손한 것이다. '아니, 그렇다면 어떤 자가 비석을 함부로 훼손했는가! 글을 읽을 수 없게 만들다니 말이 되는가!' 순간적인 분노가 휘감는다. 그렇지만 이내 훼손했을 시대 상황이 떠오르면서 감정은 실타래처럼 뒤엉켜 버리고 만다. 훼손에 대한 분노 대신 다른 미어지는 감정이 밑바닥에서부터 올라오고 있음을 막을 수가 없다.

해방이 되자 기쁨의 표출과 함께 억눌렸던 일본인에 대한 반감 또한 다양하게 표출되었다. 그들의 치적이나 공적이 있으면 사정없이 지우고 없애고자 했고 그런 일은 전국적으로 일어났다. 바로 그런 일들 중 하나인 게다. 비석의 경우 때로는 시멘트로 글을 메워버리는 경우도 있는데, 여기에는 글씨를 긁어서 훼손시켜 버렸다. 보고 있자니 정말 마음이 흔들린다. 민중의 분노와 울분을 표출한 심정이 와 닿는 것 같아 안타까움과 애절함이 앞을 가린다. 차별과 천대 속에 살아왔던 삶에 대한 분풀이였을 것이다. 다시는 남의 지배를 받지 않겠다는 비장한 각오를 다지는 심정이었을 것이다. 그래서 일본과 관련된 것은 사정없이 지워버렸다. 대부분 일본인 이름이다. 그런데, 비석의 글은 지워지고 일본인의 이름도 지워졌지만, 비석에 남은 훼손된 흔적은 어쩔 수 없다. 훼손된 모습은 더욱 또렷하다. 오히려 그 울분과 설움에 대한 한 맺힌 심정을 새겨놓은 듯하다. 계속 쳐다보고 있으니 마음이 더 쓰리고 아프다.

일단 마음을 진정하고 뒷면에는 어떤가 싶어 눈을 비석 뒷면으로 옮겨 본다. 비석의 뒷면[7]에는 글씨가 너무 작고 높은 곳에 쓰여 있어 음각된 글을 맨눈으로 읽기가 쉽지 않다. 그래도 실눈을 뜨고 애써 쳐다보니, 제일 윗 글자인 연도는 확실히 보이고, 그 아래에 숫자와 함께 몇몇 글자가 보이는데 쉽게 확인이 안 된다. 아래 부분에는 직함들은 보이는데 그 다음에 있어야 할 이름은 훼손되어 확인하기 어렵다. 그래도 자세히 보니 한국인 이름은 또렷하게 남아 있다. 전체적으로 뒷면이 더 많이 훼손된 것 같다. 왼쪽 옆면[8]에는 '공사위원(工事委員)'이란 글자가 뚜렷하

---

7   대저수리공사기념비 뒷면에 기록된 글 (『부산의 금석문』, 경성대학교 부설 한국학연구소, 2002, 참조)
大正六年一月起工 蒙利區域一千九百七十町步 : 1917년 1월 공사를 시작함. 이익을 입은 지역 1970 정보
大正六年七月竣工 總工事費金貳十九萬三千圓 : 1917년 7월 공사를 마침 총공사비 293,000원
理事 XXXX : 이사 XXXX
技師 XXXX : 기사 XXXX
書記長 XXXX : 서기장 XXXX
김○○ 김○○ 등

8   대저수리공사기념비 왼쪽 옆면에 기록된 글

게 보이는데 그 아래 부분에 있어야 할 이름은 역시 지워져 버린 채 흔적만 또렷하게 보인다. 오른쪽 옆면에도 '기계청부자(機械請負者)', '토목청부자(土木請負者)'[9]라는 글자만 보이고, 그 아래의 이름들은 모두 지워진 흔적이 뚜렷하다. 의도적으로 훼손하였음이 분명해진다.

연도를 따져보니 1917년에 세워진 비석이다. 그때 이 대저 지역은 치수사업으로 대대적인 수리공사가 있었던 모양이다. 대저는 한자로 大渚라고 쓴다. 渚(저)는 모래톱을 뜻한다. 그러므로 대저(大渚)는 '큰 모래톱'을 의미한다. 원래 큰 모래톱에서 출발한 대저 땅은 땅으로는 불안정한 곳이었고, 일정한 지번조차 없었던 곳이 많았다. 그 모래톱에 얹혀사는 사람들은 해마다 홍수 때면 모래톱이 물에 잠기면서, 집이 잠기고 가재도구가 떠내려가는 피해를 겪으며 살아야 했다. 무엇보다 한 해 농사를 지어도 홍수 때문에 수확을 보장받을 수 없었다. 이러한 곳을 보다 안정된 땅으로 바꾸기 위해선 치수사업이 필수적이었다.[10] 1917

工事委員 XXXX XXXX XXXX XXXX : 공사위원 XXXX XXXX XXXX XXXX

9   대저수리공사기념비 오른쪽 옆면에 기록된 글
機械請負者 XXXXX XXXXXXX : 기계청부자 XXXXX XXXXXXX
土木請負者 XXXXX XXXXXXX : 토목청부자 XXXXX XXXXXXX

10   이러한 치수사업의 배후에는 일본인들의 우리 땅에 대한 치밀한 잠식이 있었다. 낙동강 삼각주가 비옥한 충적토 지대인 김해평야로서 확고한 지위에 서게 된 것은 일제강점기 낙동강 제방공사(1931-1934)가 이뤄진 이후부터였다. 하지만 대저 지역 일대에는 낙동강 제방공사 있기 전부터 크고 작은 수리공사가 있어왔고, 이를 통해 대저 땅은 일본인에 의해 조금씩 잠식당하고 있었다. 일제는 1908년 동양척식주식회사를 설립한 후 국유지를 비롯한 소유가 애매하다고 판단되는 곳은 여지없이 헐값에 사들여 회사의 땅으로 삼고 이를 그들의 통치에 유리

년의 대저수리공사기념비는 바로 이러한 차원의 대대적인 수리 공사를 기념하고 있다. 모래톱 지역을 농사지을 수 있는 지역으로 바꾼 의도적인 치수사업이었으니 그 공로를 비석에 남길만 했다. 그것도 관의 힘이 배후에 작용하여 성공적인 공사를 이뤄 내었으니 할 수만 있다면 드러내고, 또렷하게 공적을 남기고 싶었을 것이다. 더구나 그것이 일본인 중심이었으니 지배자의 모습을 당당하게 비추게 하고 싶었을 것이다. 그래서 비석은 그 위용을 뽐내듯 당당하게 서 있다.

그러나 그들이 싫어서 비석을 훼손시켜 버렸다. 다시는 쳐다보기도 싫었기에 그들의 이름을 없애 버렸다. 의도적으로 지워 버렸다. 지우고 또 지웠지만 그러나 지워진 흔적은 그대로 남았다. 이제 비석은 지워버리고 싶은 그 마음을 더 잘 표현해 놓고 있다. 수리 공사를 잘했다는 기념보다, 경상남도의 누군가가 했다는 사실 보다도, 그 아픔의 시절을 겪은 사람들의 분노와 울분이 새겨진 또 다른 비석이 되어 당당히 서 있다.

하게 활용하였다. 그중 한 방법은 일본인들에게 불하하거나 매각하여 일본인들이 우리 땅에 정착하도록 적극 도와준 것이다. 모래톱으로 불안정하여 일정한 지번조차 없었던 대저 지역도 이러한 정책에 의해 일본인이 이주하게 된다. 동양척식주식회사의 이러한 지원에 힘입어 대저 지역으로 건너오는 일본인의 수는 해가 갈수록 늘어났다. 이들은 우선 대저도 주변으로 제방을 쌓음으로써 해마다 반복되던 범람으로 인한 피해를 막으면서 대저도 일원에 개간사업을 벌였다. 이를 바탕으로 1900년대 초에 대저도의 북쪽 자연 제방을 따라 배 과수원(이후 구포 배 또는 대저 배로 명성을 얻음)을 조성하였다. 이를 중심으로 일본인 가옥이 드문드문 들어섰다. 결과가 좋아지자 1916년부터 1926년에 이르는 시기에는 본격적인 치수사업을 하여 삼각주 지역 중에서는 가장 먼저 안정적인 농사지역을 얻게 되었다. 이 사업 시작과 함께 세운 비석이 '대저수리시설기념비'이다. 그리고 그때 형성된 일본인 주거지 가옥이 일부는 지금까지 남아 있다.

위령비는 위령비다워야

대저수리조합순직직원기념비

크게 심호흡을 한 후 눈을 들어 또 하나의 비석을 바라본다. '대저수리조합기념비'를 보고 다소 흥분한 마음에 이놈은 또 뭔 글을 담고 있는지 보지 않을 수 없다. 마당을 사이에 두고 방향을 달리하여 서 있다. 비석에는 위에서 아래로 '대저수리조합순직직원위령비(大渚水理組合殉職職員慰靈碑)'라고 쓰여 있다. '위령비'는 영혼을 위로하는 비석이라는 말인데….

비석 아래 받침돌에는 7명의 이름이 또렷하게 쓰여 있다. 마모되거나 훼손된 글자가 전혀 없다. 그렇구나, 이들 7명의 죽음을 위로하는 비석이구나. 그래서 이름 앞에는 모두 '고(故)'라는 죽었다는 의미의 글자가 적혀 있다. 그렇다면 무슨 이유로 죽은 것일까?

비석의 뒷면으로 가니 역시 비석을 세운 이유를 자세하게 적어 놓았다. 한자가 섞이긴 했으나 대부분 한글로 되어 있어 보다 쉽게 읽을 수 있다. 6·25 전쟁 중 비행기 추락사고로 죽은 대저수리조합 직원을 위로한다는 내용이다. 그냥 넘어갈 수 없어 위령비 앞에서 잠시 묵념을 한다. 그리고는 옆에 있는 대저수리조합기념비와 닮은 듯 다른 모습을 번갈아가며 보게 된다.

위령비의 크기는 기념비와 비슷하다. 기단은 기념비의 것을 모방하였다. 전체적으로 기념비 수준에 맞추려 했던 모양새다. 그러나 기념비와 같이 도도한 모습은 아니다. 방향이 돌아 서 있는 것은 이상하다. 아마 정원수와 나란히 일렬로 서 있게 만든 모양이다. 그래서인지 주변에 정원수가 좀 더 있으면 좋겠다는 느낌이 든다. 위령비치고는 너무 도드라져 보인다. 분명한 것은 비석 자체가 위령비라고 보기에는 좀 어울리지 않는다. 기단 없이 비석의 가운데 부분과 윗부분만 있었더라면 더 위령비다웠을는지 모르겠다.

그러나 바로 옆에 있는 도도한 비석, 기념비가 당시 비석을 만드는 사람들의 의도를 저울질했던 성싶다. 옆에는 너무도 당당한 놈이 서 있다. '비석은 저렇게 눈에 잘 띄어야 마땅하다.' 이런 식의 생각이 '위령비'의 본질을 바꿔 놓은 것 같다. 그래서 위령비에도 기념비와 똑같이 닮은 비석 받침돌 부분이 들어가 버렸다. '위령비'로서의 모양이나 형식은 무너져 버렸다. 더구나 만드는 자가 관청이다 보니 본질은 뒷전이고 성과에 치우친 현상이 나타난 듯하다. 거기에 관청 우두머리의 이름이라도 넣으려니 가시적이고 눈에 드러나는 모습이 된 것이라고 결론짓게 된다.[11] 위령비가 무엇이며 어떤 모습이 더 어울릴지 깊이 생각하지 않았다. 다만 죽은 영혼을 위로한다는 빌미로 관청이 만들어 낸 결과물이 되었을 뿐이다. 그래서 이런 질문을 되묻게 된다. 죽은 자를 위로하는 것인가? 과시하는 것인가?

위령비 바로 옆 정원수 사이에는 정원수에 파묻혀 잘 보이지 않는 또 하나의 비석이 있다. 앞면에는 '사무소복구건축기념비'라고 되어 있다. 뒷면에는 한자가 섞인 한글로 대저수리조합 사무소 건물이 파괴되었다가 다시 세워졌다는 것을 기록해 두었다. 크기도 작다. 정원수에 파묻히고 가려져 잘 보이지도 않는다. 더구나 누가 비석을 세웠는지 기록도 없다. 굳이 자랑하거나 내세워야 할 것이 없었던 것이다. 그래서 아무런 형식도 없이 그저 다소곳하게 앉아 있다. 오히려 안정된 느낌이다. 위령비도 이 정도만으로도 충분했을 것이다.

강서도시재생 열린지원센터

이제야 비석 뒤에 있는 건물이 눈에 들어온다.

주위와는 다른 낯선 건물 한 채, 기록 영상에서나 볼 수 있는 건물이다. 길 안쪽에 들어서 있어 쉽게 눈에 띠지는 않지만 정면에 있는 비석과 함께 짝을 이루는 건물일 것 같다. 매우 둔

---

11 위령비의 우측면에는 비석을 세운 연도와 김해군수의 이름이 쓰여 있다.

탁하고 격식 있는 느낌이 나면서도 좀 오래되었다 생각하니 눈길이 더 간다. 건물의 정면에 서서 '일본식인가? 아닌데? 많이 본 듯하다'는 생각을 해본다. 건축자재는 콘크리트로 아주 단단한 모습의 1층 건물이다. 건물 모양은 주로 시골 읍 소재지나 면 소재지의 관공서로서 오랫동안 우리 곁에 있었던 건물과 같다. 최근 새로 관공서 건물을 짓고 확장하는 가운데 대부분 헐려 사라져 버린 건물이다. 그런데 이곳은 관공서는 아니었는지 헐리지 않고 그대로 남아있다. 아직도 이런 건물이 남아 있다는 것이 신기하게 느껴진다.

가까이 가서 보니 '강서도시재생 열린지원센터'라는 글씨가 입구 머리에 부착되어 있다. 도시재생을 위한 행사를 지원하는 곳으로 쓰이고 있다. 이 건물의 속사정을 좀 더 알아보니 애초 이곳은 '대저수리조합'의 사무소로 쓰

강서도시재생 열린지원센터

이던 곳이었다. 이 지역이 대저(大渚)라는 모래톱이었을 때 치수사업을 위해 조합이 설립되었고 이 조합이 중심이 되어 수리시설공사를 하고 땅을 안정화시키면서 '대저수리공사기념비'도 세우고 이 수리시설을 지속적으로 관리하던 장소였다. 건물이 세워진 때는 1916년이었고 이후 해방이 되기 전까지 '대저수리조합'으로 있었다. 그런데 6·25 때 이곳에 미군 비행기 추락 사고

가 있었단다. 건물이 박살이 나서 없어지면서 7명의 순직자를 내었단다. 그 순직자를 위령하는 비가 마당에 있는 것이었다. 못내 미안했는지 미군은 새로 건물을 지어 주었고 그때 지어진 건물이 지금의 건물이다. 불과 얼마 전까지 농어촌공사가 이곳에서 근무를 하였으므로 역시 관공서가 아니었다.

그런데 '도시재생 지원센터'라니, 이런 시골에서도 도시 재생[12]을 이야기하니 어색하게 여겨진다. 왜 갑자기 이곳에 도시 재생이란 말이 나온 것일까? 이곳이 언제 도시적인 생동감이 있기나 했는가! 과연 도시 재생이라는 단어를 써도 괜찮은가!

그러나 조금 다시 생각하니 이해가 될 법도 하다. 앞에서 이야기했던 대로 이곳 신장로 마을은 한때 강서구의 제일 중심지였다. 부산에서 강서구 지역으로 건너오는 다리가 옛 구포다리 하나밖에 없었던 시절 구포에서 구포다리를 건너오면 바로 만나는 곳이 신장로 마을이었고, 서쪽의 김해로 가려면 이 마을을 거쳐 지나가야 했다. 북으로 대동, 남으로 명지를 가려면 당연히 이곳을 거쳐 가야 했다. 강서구 지역에서는 한때 가장 번성을 누리던 읍내였음에 분명하다. 그래서 대저면이었던 시절에 면 소재지, 대저읍이었던 시절에는 읍 소재지였다. 그래서 지금도 강

---

12 인구의 감소, 산업구조의 변화, 도시의 무분별한 확장, 주거환경의 노후화 등으로 쇠퇴하는 도시를 지역역량의 강화, 새로운 기능의 도입·창출 및 지역자원의 활용을 통하여 경제적·사회적·물리적·환경적으로 활성화시키는 것을 말한다. (서울특별시 알기 쉬운 도시계획 용어, 2016. 12, 서울특별시 도시계획국)

서구청이 바로 이 마을에 있다. 이러한 이전의 번성을 회복하고
싶은 것이 이 마을의 바람이라는 차원에서 보면 일면 도시재생
이란 말이 어울리기도 하다.

문화창고 감성돔

도시재생과 관련하여 '강
서도시재생 열린지원센터' 뒤
에 눈에 띄는 건물이 또 하나
있다. 그 앞마당은 깨끗하게
정비되어 있고, 함석으로 된

문화창고

벽과 지붕에 분명 창고 같기는 한데 뭔가 손을 덧대어 깔끔하게
꾸며진 느낌이 든다. 무얼까? 무엇을 하는 곳일까? 멀리서 보니
간판도 보이지 않고 안에 들어가 볼 수 있는 것은 아닌 것 같다.
좀 더 가까이 가니 '감성돔 1956 서낙토리[13]'라는 글이 한쪽 켠에
쓰여 있다. 건물 주변 색과 어울려서 잘 보이지도 않게 겸손하게
쓰여 있다.

---

13 감성돔이란 문화창고 건물이 감성이 돋는 공간, 감성이 펼쳐지는 상상력을 담은
돔 형식의 집이라는 의미이고, 1956은 건물이 세워진 연도를 의미한다. 서낙토리는,
서는 강의 서쪽, 느림의 서(徐)를, 낙은 낙동강과 즐거움(樂)을, 토는 땅(土)과 토마토
를 리는 마을(里)과 이치(理)를 의미하고 여기에 토리는 음악 양식, 유형을 뜻하는 우
리말의 의미를 담고 있다.(강서 신장로 서낙토리, 일상의 리듬. 2016. 부산문화예술교
육지원센터 : 2016 지역협력형 프로그램 개발 및 운영 '서낙토리' 결과 자료집)

이 건물이 신장로 마을 도시재생 차원에서 마을의 문화예술 공간으로 활용하는 장소란다. 1956년에 지어진 후 비료 보급 창고로 사용되어 오다가 최근 20년 동안은 방치된 채 비어 있는데 '문화창고'라는 이름을 바꿔 달고 문화예술활동을 위한 공간으로 사용하게 되었단다. 마을 주민들이 중심이 되어 만든 목공예품, 사진 작품 등을 전시하거나, 때로는 주민을 위한 영화를 상영하는 곳이 되거나, 각종 연주회가 열리는 곳으로 사용된다. '강서도시재생 열린지원센터'에 문의를 하니 친절하게 문화창고의 문을 열어준다. 그리고 창고 안의 모습을 보여주며, 창고의 역사랑, 건물 구조랑, 지금의 쓰임새 등을 자세히 설명해 준다. 밖에서 보는 창고의 느낌과 달리 안은 깨끗하게 정비해 놓은 강당 같다. 벽면에서부터 천정에 이르기까지 목재 트러스 구조가 그대로 노출되어 있다. 이 건물의 진수를 유감없이 보여주고 있다. 진짜 이 지역에 어울리는 문화예술공간으로 손색없는 장소라는 느낌이 든다. 이 창고의 또 다른 묘미가 구석구석에 있기도 하지만 한눈에 본 건물 구조만으로도 모든 것을 본 것 같은 느낌에 다른 이야기가 더 필요 없을 것 같다. 참 좋은 공간이 마련되었다는 생각이다.

'이곳에서 어떤 일이 이뤄질 수 있을까? 재생 즉, 다시 생산적인 활동을 일으킬 수 있을까? 전시, 연주를 위한 공간이라는데 마을 주민들은 얼마나 나서고 있을까? 관이 주도하는 행사가 늘 그렇듯이 행사만을 위한 공간이나 또 하나의 소비적 행위에 그치는 공간에 불과하지 않을까? 새로운 관광지로서의 문화 예술 공간을 생각하였는지는 모르지만 이 공간이 지역의 재생을 위한 역동성과 생산성의 힘을 얼마나 제공할 수 있을까?' 여러 생각이 꼬리를 물고 떠오른다.

그래! 이런 곳이 재생되고 회복되어야 한다. 새로운 삶의 활력을 얻고 삶의 터전으로서의 생동감이 있는 곳이 되어야 한다. 변두리라는 이름으로 관심에서 점점 밀려나 버린 이곳도 삶의 의미와 소망이 되어야 한다. 지금까지 무작정 시대의 흐름을 따라 내몰려서 여기에 와 있지만 이제는 이 터전에 어울려 살아가는 삶터를 만들어 갈 수 있으면 좋겠다. 그런 힘이 생겨났으면 좋겠다. 도시재생이란 그런 것이 아니겠는가?

일본식 가옥, 언제까지 살아남아 있을까?

'문화창고'는 대저 지역을 대표하는 건물임에 분명하다. 하지만 대저 지역을 대표하는 또 다른 건물이 있다. 일본식 가옥이다. 신장로가 생기기 전, 신장로 마을이 생기기 전에 형성되기 시작했다는 일본식 가옥이 아직도 남아있다.

'문화창고' 건물 앞에서 북쪽으로 난 도로를 따라 300m 정도를 가면 강서고등학교 정문 앞 도로를 만난다. 그 길을 가로질러 강서고등학교 동쪽 담벼락을 따라 난 길을 들어가니 일본식 가

소나무 정원이 아름다운 집

옥 한 채가 살며시 드러난다. 정문에 들어서면 커다란 소나무가 몸을 뒤틀고 자란 정원의 모습이 먼저 보인다. 소나무 정원수 사이로 집이 아련히 드러나는데 정원 옆을 돌아오니 일본식 기와랑 유리문으로 된 외벽과 함께 아마도 (雨戶)가 설치된 모습이 나타난다. 일본식 가옥의 완전한 모습이다. 옆쪽에도 소나무가 한껏 제 모습을 뽐내고 있다.

정원과 어울린 집 모습을 한참 바라보고 있다가 집 가까이가 유리문 안을 들여다본다. 다다미(疊)[14]로 된 내부 구조까지 변경된 것 없이 잘 보존되어 있다. '부산시 근대건조물'이라는 동판도 붙어 있다. 건물 뒤쪽을 보니 모든 것이 잘 보존된 것은 아니다. 별채로 된 일본식 가옥은 창고로 쓰이는 모양이다. 정원을 이리저리 둘러보고 눈길을 주다 보니 당장 카메라를 들이대고 좋은 구도를 잡아 사진을 찍고 있다. 다른 정원수도 많지만 소나무가 정말 잘 어우러진 집이다 싶다.

대저 지역 일대에 일본식 가옥이 있는 것은 이곳이 일본인 정착촌이 되었기 때문이다. 모래톱 같은 곳은 지번도 없고 정식

14　다다미(疊) : 일본식 주택에서 짚으로 만든 판에 왕골이나 부들로 만든 돗자리를 붙인, 방바닥에 까는 재료.

주인이 없는 땅이어서 안정화 작업만 하여 일본인에게 불하되었다. 이곳에 정착한 일본인들은 배 과수원[15] 농사를 하였다. 과수원을 경영하다 보니 집들이 우리나라 일반적인 마을처럼 집촌(集村)을 이루는 것이 아니라 군데군데 흩어져 있는 산촌(散村) 형식으로 자리 잡았다.

대저 지역의 일본식 가옥은 2008년 한 조사[16]에 의하면 적어도 30채 이상 남아 있었다고 했는데 지금은 10여 채 정도밖에 확인이 되지 않는다. 최초 건물이 지어진 후부터 현재까지 많은 시간이 흘렀기 때문에, 남은 건물은 대부분 온전한 원형을 지니지 못했다. 너무 낡아 폐가가 된 채 사람이 살지 않는 곳, 또 외형은 그대로 두었으나 내부구조는 완전히 우리식 또는 현대식으로 고쳐 생활하는 곳, 일부는 지붕과 기둥만 그대로 둔 채 내부는 해체하여 수공업 공장으로 사용하는 곳, 전원주택처럼 깔끔하게 꾸며서 살아가는 곳 등 다양한 모습으로 변해 있다.

그 중 개방되어 있다는 2곳을 찾아가 보자.

소나무 정원이 아름다운 집에서 강서고등학교 담벼락을 따

---

15 1900년대 초에 대저 지역의 북쪽 자연 제방을 따라 배 과수원을 조성하였다. 북쪽의 자연 제방에 소규모의 제방공사를 하였고 주변으로 배 과수원을 조성하였으며 이를 중심으로 일본인 가옥이 드문드문 들어섰다. 결과가 좋아지자 1916년부터 1926년에 이르는 시기에는 본격적인 치수사업을 하여 삼각주 지역 중에서는 가장 먼저 안정적인 농사지역이 되었다. 이곳 배 과수원에서 생산된 배는 구포 배 또는 대저 배라는 이름으로 전국으로 팔려 나갔다.

16 부산 강서 택지개발 예정지구 문화재 지표조사 2차 지도위원회 자료집, 2008, 한국토지공사 부산울산지역본부

라 다시 나와 큰길(공항로 309번길)에서 동쪽으로 400m 정도를 가니 우측으로 지붕에 파랑색칠을 한 집의 뒷모습이 보인다. 기와를 보존하는 의미에서 방수처리를 한 모양이다. 뒤에서 보는 모습이지만 완연한 일본식 기와집임을 알겠다. 길에 붙은 대문은 열려져 있고, 집의 뒤쪽에서 들어가도록 되어 있다. 대문 안에 들어서니 좌측으로는 집을 관리하는 집이 있고, 우측에 온전한 일본식 집이 우뚝 서 있다. 집 앞에는 역시 넓은 정원을 갖추고 있다. 특이하게도 정원에 반지하 상태의 창고 같은 건물이 있다. 이것은 배 과수원할 때 사용하던 배 저장고임에 틀림없다. 저장고가 제일 중요했기에 집의 정면 마당의 한가운데에 위치하고 있다. 집이랑 창고가 무슨 유물과 같은 모습으로 다가온다.

배 저장고가 있는 집

  집은 비어 있다. 내부는 깨끗하고 정리가 매우 잘 되어 있다. 유리문 안을 보니 다다미가 깔려 있고 일본식 집구조의 모습을 훤히 들여다 볼 수 있다. 아담하고 정갈한 모습이다. 이리저리 둘러보며 사진을 찍어 본다. 정원에서 집을 향해 보니 집의 위치가 참 좋다는 생각이 절로 든다. 하지만 마당에는 이끼가 끼어 있고, 정원의 나무들도 생기를 잃었다. 텃밭도 있어 가꾸는 모습도 보이나 잡풀들도 많고 정원 한쪽에는 버려진 땅도 있다.

집 주인이 살지 않기 때문이다. 관리자가 있어 관리만 하고 있기 때문이다.

소나무 정원이 아름다운 집은 소나무가 정말 집과 잘 어울리는 모습을 하고 있었다. 집주인이 친히 살면서 그 터전 모두가 잘 가꿔지고 있었다. 이곳은 집에 있어야 할 사람이 없으니 정상적인 상태는 아닌 것이다. 언제까지 비어진 상태로 계속 있게 될까하는 생각에 아쉽고 허전한 마음이 가시지를 않는다. 정원에서부터 집의 앞뒤를 여러 번 왔다갔다 둘러보지만 아쉽기만 하다는 느낌을 버릴 수가 없다.

허전한 마음을 안고 또 하나의 집을 찾아 문을 나선다. 배저장고가 있는 집에서 곧장 북으로 난 직선 길을 따라 400m 정도를 가니 남해고속도로 아래를 지나는 굴다리가 나온다. 그곳을 통과하여 왼쪽으로 꺾으니 서너 그루의 커다란 소나무가 있다. 소나무 숲에 가려진 또 하나의 일본식 집이 소나무 옆을 돌아 서니 갑자기 '짜잔~'하고 등장한다.

보는 순간 놀라움이 절로 튀어 나온다. 너무나도 웅장하다. 2채의 커다란 건물이 자리하고 있고 딸린 건물까지 3채다. 전체적인 모습이 위압감을 줄 정도로 당당하다. 대단한 위세를 가진 사람이 살았을 것 같다. 앞에서 본 두 집에 비해 규모면에서나 분위기 면에서 한 차원 다르다. 정면에서 한참을 바라보고 서 있다. 움직일 수가 없다. 위압감과 웅장함의 분위기에 눌린다고나 할까? 이런 모습은 정말 쉽게 볼 수 있는 것이 아니다. 커다란

몇 년째 빈집인 '낙동강 700리' 음식점

소나무도 집의 웅장함과 위압감을 한층 더 돋우고 있다. 대단한
광경을 연출하고 있다.

　그러나 이어서 튀어 나오는 것은 '빈집이다!'는 탄식의 말이
다. 여기서는 관리도 잘 안 되는 것 같다. 넓은 정원은 덤성덤성
풀무더기가 보이고, 멀리서 보아도 무너져가는 것이 눈에 보인
다. 한참 서 있던 자리를 떠나 구석구석을 집을 돌아본다. 멀리
서 보는 것보다 더욱 많이 허물어진 모습을 발견할 수 있다. 집
의 외부도 그렇지만 내부는 더 심할 것 같다. 이렇게 웅장한 집
이 비게 되고 버려지고 있다. 눈앞에서 무너지는 모습을 보고 있
다. '이럴 수도 있구나!' 하는 탄식 이상 더 표현할 말을 잃게 된
다. 정말 허탈해진다.

　이곳은 한때 '낙동강 700리'라는 이름으로 음식점을 했던 집

이다. 하지만 수년째 빈집이다. 집의 정면에는 '부산시 근대구조물[17]'로 등록되었다는 동판이 붙어 있지만 속수무책인 듯 쓰러져 가고 있다.

아파트, 빌라, 원룸과 같은 새로운 삶의 공간이 등장하면서 기존의 집들은 삶의 편의 면에서는 비교가 안 된다. 그게 한옥이든 양옥이든 일본식이든 마찬가지다. 아무리 집이 좋아도, 아무리 땅이 넓어도 편리하지 못하기 때문에 버려지고 있는 것이 지금의 현실이다. 우리 삶의 생활양식 변화가 가져온 한 모습을 적나라하게 보고 있다. 변화와 변혁을 추구해 온 삶의 뒤안길에 놓인 방치된 웅장함을 또렷이 발견하게 된다. 그 방치가 지속되면 얼마가지 않아 이 웅장함도 사라질 게 뻔하다.

몇 안 되는 일본식 가옥이 남아 있는 이곳 대저 땅은 대저(大渚)라는 말 그대로 큰 모래톱이었던 지역이었다. 대규모 수리 공사를 하여 모래톱을 농경지로 만들었던 곳이다. 한적한 농촌, 기름진 삼각주, 부산 근교 농업의 대표 지역이었던 곳이었다. 사실 내 맘대로라면 이곳이 여전히 풍요로운 시골 생활을 꿈꿀 수 있는 곳이었으면 좋겠다. 도시근교의 아름다운 농촌의 의미가 보존되는 곳이었다면 좋겠다. 농경지가 펼쳐진 드넓은 들판을 본다는 것이 얼마나 좋은가! 그러나 그것은 전혀 허락되지 않는다.

---

17 대저 일본식 가옥 중에는 2군데가 지정되어 있다. 양덕운 씨 가옥(소나무 정원이 아름다운 집)과 낙동강 700리 음식점이다.

일본식 가옥을 돌아볼 때 이미 느낀 것이지만 이제는 온갖 공장으로 채워져 간다. 이미 공장 창고가 뒤덮은 지역이 되어 버렸다. 일본식 가옥도 농토도 심지어 시골 마을도 보존되기 어려운 지경으로 변하였다. 인터넷 위성지도에서 보면 이곳은 파란색, 빨간색의 공장 창고 지붕이 농경지 보다 더 많이 분포한다. 부산이라는 대도시에 붙어 있어 대도시 주변 지역으로서의 변화를 직접적으로 맞아 버렸다. 그리고도 더 확대되어가는 대도시의 힘이 이곳을 집어삼킬 듯 점점 더 밀려오고 있다. 얼마 있지 않아 이곳은 새로운 도시 계획에 의해 완전히 변화될 것이라는 말까지 하고 있다. 얼마나 더 변하게 될지 알 수가 없다.

그 속에서 신장로 마을은 도시재생이라는 이름으로 새로운 도전을 하고 있다. 과연 애쓰고 시도하는 만큼의 재생의 결과를 얻을 수 있을까? 재생을 위한 몸부림이 무색할 정도로 외적인

위성지도로 본 대저1동 토지이용 ⓒ 네이버

변화의 힘은 몰려오고 있고, 그 힘이 이곳을 곧 뒤덮어 버릴 것이라는 생각을 지울 수 없다.

그러나 태풍전야일지라도 한순간의 고요함이 소중하듯이, 짧은 기간일지라도 이곳을 사랑하며 이 속에 살아가는 사람들이 있다면 존중되어야 한다. 그것이 비록 꺼져가는 호롱불 불빛 아래라 할지라도, 오순도순 앉아 삶의 소망을 나누는 사람들이 있다면 그 삶을 멈추게 할 순 없다. 재생, 그 결과가 무엇이든 간에 지금의 삶을 부둥켜안고 나아가게 하는 힘이 되어 준다면 바로 그것은 최상의 그 무엇일 것이다.

3 후미진 곳이 되살아나다, 전포카페거리

창업의 공간, 독자성과 창의성이 넘쳐나는 곳, 새로운 젊은이의 거리가 형성되어 있다. 유흥가도 번화가도 아닌 것이 알음알음 하나로 모이기 시작하면서 생기가 절로 인다. 이러한 현상이 더 퍼져가고 있다. 참신하고 기발하기까지 한 독자성과 창의성이 우리를 감동시킨다.

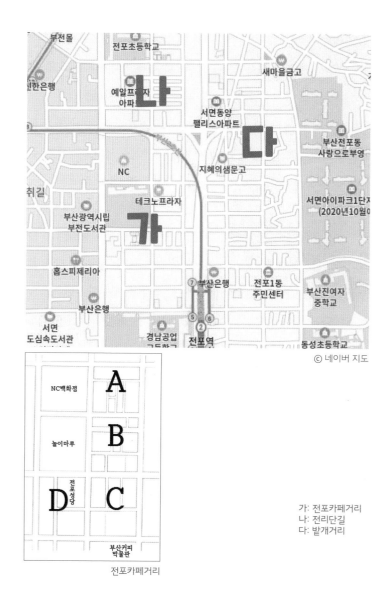

© 네이버 지도

전포카페거리

가: 전포카페거리
나: 전리단길
다: 밭개거리

사랑옵다

'사랑옵다'

'이게 무슨 말이지?' 이거 알 듯 말 듯한 말이 적혀있네.'

전포카페거리를 걷다가 한쪽 거리에 걸려있는 간판에 눈이 간다. 보고 도저히 그냥 지나갈 수가 없다. 당장 무슨 뜻일까 싶어 검색창을 두드려 본다. '생김새나 행동이 사랑을 느낄 정도로 귀엽다', '마음에 꼭 들도록 귀엽다'라는 우리말이라고 알려준다. '사랑스럽다'라고나 할까? 참 예쁜 우리말이다.

이것을 간판으로 내건 것은 무엇을 의도하는 것일까? 자세히 보니 '사랑옵다' 옆에 '감성사진관'이라는 작은 간판도 같이 달고 있다. 그러면 사진관의 간판이란 말이지. 사진을 찍으며 사랑스러움을 찍겠다는 건가. 가게 안을 들어가니 흑백 사진만 취급한다고 한다. 감성을 담은 흑백사진을 사랑스럽게 만들어 주겠다는 의도인 것 같다.

간판 주인의 의도는 그렇다 치더라도, '사람의 시선을 끈다'는 간판의 효과는 이미 톡톡히 보는 것 같다. '사랑옵다'란 글을 보면 누구나 눈을 둥그렇게 뜨고 다시 쳐다보게 되고, 누구나 검색창에 '사랑옵다'를 두드려 보게 된다. 이 정도 간판이면 더 말할 필요가 없다. 전포카페거리와 딱 어울리는 모습이다.

'북그러움, 술밥꼭질, 개라모르겠다. 미미' 등 이런 간판들도, '사랑옵다' 못지않은 재미와 멋을 가지고 있다. '북그러움'은 작은 책방, '술밥꼭질'은 술과 밥을 파는 가게, '개라모르겠다'는 애견놀이터, '미미'는 한자로 '美眉'인데 눈썹을 아름답게 가꿔주는 곳이다. 정말 예쁘고 기발한 이름들이 수없이 많다. 지나가다 그냥 갈 수 없도록 간판들을 만들어 놓았다. 읽어 보고 이해가 되어야 지나간다. 뭐 이해랄 것도 없이 간판을 보고 가게를 보면 '아! 그래서 그렇구나!'하고 이해가 된다. 참 재밌기도 하고 우스꽝스럽기도 하고 여러모로 구경하는 즐거움을 더해 준다. 이런 곳이 전포카페거리이다.

이 뿐 아니다. '가장 맛있는 스프의 온도 65℃', '인생도 초밥처럼 날로 먹고 싶다'이런 글귀들은 또한 어떤가? 구석구석에 적어 놓고 우리 마음의 구미

를 당기고 있다. 소리를 치며 호객행위를 하는 것 못지않다. 어쩌면 이미 최상의 호객행위를 하고 있다. 전포카페거리의 매력은 이런 것에서 출발한다.

뉴욕타임즈가 주목한 곳

미국 뉴욕타임즈는 2017년에 가봐야 할 52곳을 소개하면서 48번에 '전포카페거리'를 소개[1]하였다. 부산에 사는 사람 입장에서는 깜짝 놀랄 일이었다. 부산의 서면을 자주 오간 사람들은 더욱 놀랄 일이었다. 해외 언론, 그것도 세계적 권위지인 '뉴욕타임스'가 서면의 후미진 골목 중 하나인 이곳 전포카페거리를 주목한 것이다. 왜 일까? 왜 이곳이 그토록 주목받을 만한 곳인가? 우리는 그냥 생각 없이 마구 지나다니는 곳인데. 우리에게는 서면 일대의 많은 유흥가와 별로 달리 보이지 않는데. 왜 이곳이 부각된 것일까?

뉴욕타임즈는 'independent design scene'이라는 말로 표현하고 있다. 이는 '독자적으로 만든 장소'라는 말로 번역할 수

1　뉴욕타임즈에서 소개한 전포카페거리 원문은 다음과 같다. 이 글을 통해 부산의 전포카페거리를 소개하면서 첨부된 사진은 영화의 전당을 내어 놓았다. 외국인에게 부산은 영화의 전당이 더 알려져 있기 때문일까? (사진 첨부는 생략)
48. Busan, South Korea
An underrated second city becomes a design hot spot.
Busan is known as a film town, but the city's independent design scene is taking off, too. The Jeonpo Cafe District, a once-gritty industrial area, has recently been transformed into a creative hub packed with boutiques like Object, selling handcrafted items by locals. Nearby, a 1920s former hospital reopened in 2016 as Brown Hands Cafe, an atmospheric art space. There are new ventures to showcase local design, too: the annual Busan Design Festival and Busan Design Spot, a guide to local attractions. — Justin Bergman
(https://www.nytimes.com/interactive/2017/travel/places-to-visit.html?_r=0)

III. 새로운 삶이 어우러진 곳　　　　　　　　　　　　　　　224

있는데, 뉴욕타임즈는 이 말을 '영화의 도시(film town)'라는 말과 비교하여 설명하고 있다. 국가와 정부기관의 도움으로 이뤄지는 대표적인 관주도 행사인 '부산국제영화제'의 이미지와는 다르게 부산에도 '독자적으로 만든 장소'가 있음을 소개하고 있다. '전포카페거리'를 이런 면에서 주목한 것이다.

또 하나, 뉴욕타임즈는 'a creative hub'라는 말도 쓰고 있다. 이는 '창의적인 허브 지역'이라는 말인데, 껄끄러운 산업지대(gritty industrial area)에서 변화된 곳이라는 점을 강조하면서, 전포카페거리가 과거에는 산업지대였지만 수많은 창의적인 발상들이 모여 새로운 공간, 변화의 공간을 창조했다고 설명하고 있다.

그렇다. 뉴욕타임즈는 정확히 보았다. 전포카페거리는 독자성과 창의성이라는 면에서 주목해야 할 곳이다. 먼저 전포카페거리가 형성되는 데는 관의 힘을 전혀 의지하지 않았다. 지금도 관의 어떤 요구나 기획으로부터 벗어나 있다. 그래서 독자적이다. 부산진구에서는 '전포카페거리'라는 이름을 부여하고, 가까이 동천 은행나무거리에 주말 프리마켓이 열리는 것을 주도하고 있다. 전포카페거리를 프리마켓과 연관시키려고 하고 있으나 전포카페거리에 들어선 많은 상점들은 결코 이러한 행사나 축제에 관심이 없다. 한마디로 독자적이고 독립적인 상점들로 가득 채워져 있다. 카페든 음식점이든 독자적으로 운영하고 있다. 그래서 월요일, 화요일 주 이틀 휴무하는 곳도 많고 하루의 영업시간도 자신이 원하는 대로다. 오전 12시가 되어 문을 여는 집도

있지만, 오전 12시가 되면 문을 닫는 집도 있다. 요일마다 들쭉날쭉 쉬기도 한다. 자신의 취향에 따라 그 독자성을 강하게 발휘하고 있다.

또한 전포카페거리는 창의성이 마음껏 표출되는 장소이다. 이곳에 새롭게 들어선 상점들은 출발부터 신선한 아이템을 바탕으로 참신한 내부 디자인 시설을 기본으로 하였다. 대부분 창업에 가까운 젊은 주인들은 자신들의 창의적 발상과 도전적인 이미지를 가득 담아 놓았다. 따라서 전포카페거리는 스스로 뭔가를 만들어낸 '창조적인 아이디어가 연출된 공간'이 되어 있다. 그래서 나그네 같이 지나가더라도, 그냥 지나가기에는 아까워 보이는 앙증맞은 곳이 있는가 하면, 텅 빈 공간에 단순하고 깔끔한 모습을 보여주는 곳도 있다. 전혀 어울리지 않는 물건으로 어울림을 추구하는 공간이 있는가 하면, 톡 튀는 구성으로 눈길을 강하게 끌어당기는 곳까지 있다. 정말 다채롭고 개성 넘치는 창의적 공간이 되어 있다. 앞에서 소개한 간판 이름도 그런 기발하고 개성 넘치는 창의적인 결과물 중 하나이다.

전포카페거리에 이런 독자적이고 창의적인 가게를 차린 젊은이들은 기성세대와는 전혀 다른 사업 패턴을 지니고 있다. 기성세대들이 사업을 통해 돈을 벌고 성공을 지향하는 형이라면, 이곳 젊은이들은 우선 신나게 일하고 즐겁게 노는 것을 지향하는 형이다. 창업은 하였지만 이 일이 인생의 전부는 아닌 것이다. 사실 누구나 '일이 전부는 아니다'라고 말하고 싶지만, 현실에서는 쉽지 않다. 이곳의 젊은 사업주들은 말뿐 아니라 현실에서도 그렇게 살아가고 있다. 그래서 일터 속에 자신만이 할 수 있는 참신함과 독특함을 녹여내고, 일 속에서 즐거움을 추구하고 있다.

전포카페거리는 한때 공구, 전기, 전자 상점이 모여 있는 으슥한 산업지대였다. 젊은 사람이라고는 아무도 찾지 않는 곳이었다. 최근 많은 젊은 세대들이 이곳에 자신 만을 위한 창의적인 공간 창출이 이뤄지면서 지금은

전기공업사를 창의적으로 꾸민 가게 모습

전혀 새로운 지역이 되어 버렸다. '창업을 통해 자기만을 위한 공간을 갖고자 하는 열망'이 이곳에 반영되었기 때문이다. 이젠 정말 생동감이 살아 넘치는 지역이 되었다. 더할 나위 없는 독특한 분위기로 인해 누구에게나 자랑할 만한 곳이 되어 버렸다. 어쩌면 도시 재생이라는 말을 여기서 해야 할 것 같다. 실제로 이곳은 새롭게 살아났다. 어느 누구의 도움도 받지 않고, 자발적이고 창의적인 힘으로 새로운 도시 재생 지역을 만들어 낸 것이다.

그래서 더욱 주목받는다.

전포카페거리 그 속을 보자

그렇다면 전포카페거리를 좀 더 구체적으로 살펴보자. 이곳에 과연 어떤 업종이 들어서 있을까? 옛날에는 공구, 전자상가였는데 얼마나 변화가 일어났을까? 지금도 그 변화는 계속되고 있는 것일까?

2017년 6월 부산진구에서 만든 '까리한 커피향'이라는 전포카페거리 팸플릿[2]에는 이곳 전포카페거리에 카페, 밥집 등 독자적이고 창의적인 가게가 150여 개 들어서 있다고 하고 있다. 그 이후에도 더 많이 들어서서 2019년에는 200개(추정)를 훨씬 넘어 선 것으로 보인다. 그래도 공구·전기·전자 상가도 여전히 보인다. 서로 아름답게 공존하는 모습을 연출하고 있다.

사진은 전포카페거리에 있는 상점을 업종별로 분류해 본 지도이다.[3] 이곳에 어떤 업종이 분포하는지를 알기 위해 업종을 7가지로 분류하여 색깔별로 나타내 보았다. 카페(갈색), 음식점(빨

---

2 부산진구, 전포의 까리한 커피향, 영신에드, 2017.6

3 부산광역시 중등교사연수(2018. 11. 17)에서 지도화한 것이다. 대상 지역은 부산진구에서 전포카페거리라고 이름 붙인 곳이며, 건물의 1층 만을 대상으로 업종별로 색깔을 달리하여 나타내었다.

강), 빵집(노랑), 옷/악세사리 가게(분홍), 헤어/네일샵(연두), 공구·전기전자(검정), 기타(파랑)의 7가지인데, 옛 모습에서 변하지 않은 쪽은 어두운 검은색으로, 새로운 창업가게는 밝은 색으로 표현하였다. 부산진구에서 전포카페거리라고 이름 붙인 지역만 대상으로 하여 그렸다. 사실 연구 차원에서 만들어진 지도가 아니라, 연수에서 재미를 더하기 위해 연수자들이 직접 활동하며 만든 지도이기 때문에 다소의 오차가 존재하고 세밀한 정확도는

전포카페거리 지도

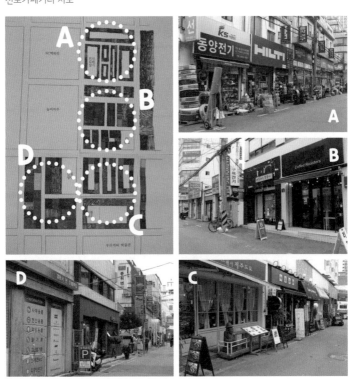

떨어진다. 하지만 전체적인 윤곽이나 경향을 얻는 데는 충분한 자료가 된다. 드러난 색깔로 전포카페거리에 어떠한 업종이 집중되어 있는지를 한눈에 확인할 수 있다.

지도를 통해 알 수 있는 사실은 다음과 같다.

첫째, 전포카페거리는 전체적으로 검은색의 공구·전기·전자 상가와 빨간색의 음식점이 가장 많이 나타난다. 이는 두 가지 부분이 혼재되어 있음을 의미한다. 원래 공구·전기·전자 상가로 뒤덮인 지역에 점차 카페와 음식점 가게가 들어서면서 변화해 나간 것이 반영된 모습이다. 검은색이 많은 곳은 아직까지 변화하지 못한 지역이고, 빨강색이 많은 곳이 새롭게 변화된 지역이라고 할 수 있다.

둘째, 전포카페거리의 구역별로 업종의 분포가 확연히 다르게 나타난다. 전포카페거리는 크게 4구역으로 나뉜다. 북쪽에 있는 A구역은 전반적으로 검은색의 공구·전기·전자 상가가 대부분이다. B구역은 공구·전기·전자 상가가 절반 정도이고 나머지는 갈색과 빨간색인 카페와 음식점들이다. 이에 반해 C구역은 밝은 색이 가장 많으며 음식점과 옷가게인 빨간색과 분홍색이 대부분을 차지하고 있다. D구역은 빨간색의 음식점이 많으면서도 파란색(기타)도 많이 보인다. 그러므로 가장 많이 변한 곳은 C구역이고, 다음은 D구역, B구역이며, A구역은 변화가 제일 적은 곳이다.

셋째, 전포카페거리의 지역 변화 중심은 C구역인 것으로 보인다. 원래 새로운 창업을 하겠다는 사람들이 처음으로 들어오기 시작한 곳도 C지역으로 알려져 있다. 따라서 변화의 패턴은 C구역에서부터 시작하여 D구역과 B구역으로 점차 퍼져 나간 모습이다. 그래서 C구역과 D구역은 대부분 변화가 이뤄진 것으로 보인다. 지금 변하고 있다면 B구역에서 가장 많이 일어날 것이다. 상대적으로 A구역은 아직 변화의 영향을 덜 받았으므로 옛 모습을 그대로 유지하고 있다.

넷째, 전포카페거리의 C, D구역은 음식점이나 옷가게로 완전히 변해 버렸다. 이전에 있었던 공구 및 전자 상가는 거의 찾을 수 없다. 완전히 새로운 공간이 탄생했다. 앞으로 이러한 현상은 점차 B구역의 북쪽으로 퍼져나갈 것 같다. 실제로 B구역의 공구·전기·전자 상가 지역이었던 곳이 점차 조금씩 더 카페, 옷가게, 음식점으로 변하고 있다. A구역까지도 그 영향이 조금씩 나타나고 있다. 하지만 A구역은 공구·전기·전자 상가로서 매우 특화된 지역이어서 과연 더 많은 영향을 줄 수 있을까 하는 의문이 들기도 하지만 전혀 예상할 수 없는 것이 이곳의 변화이다.

하필이면 왜 이곳에

부산에서 오래 사신 나이 지긋하신 분들은 '서면 공구상가' 하면 다들 어디쯤인지 알고 있다. 광복 이후 부산시내 각 지역에 산재해 있던 자동차 부품상이 하나둘씩 모여들다가 1950-60년대 전포동에 '차량재생창'과 '신진자동차공업사'가 들어서면서 관련 업체가 폭발적으로 늘어난 곳이다. 자동차 부품을 비롯하여 기계 관련 일체와 각종 공구를 취급하던 곳, 덩달아 전자 전기 부품도 같이 취급하던 곳, 그런 상점이 집중적으로 몰려 있었던 곳이었다. 1980년대 이후에는 사상지역 공단이 번성하고 사상구 괘법동에 '부산산업용품유통단지'가 생기면서 성장세를 잃게 되었다. 상대적으로 비좁은 점포 면적, 차량 진입마저 불편한 도로 여건 등이 그 원인이었다. 그렇지만 소규모 형태로 밀집된 채 끈질기게 각종 부품 및 공구 상가라는 특화된 지역의 특성이 잘 유지되는 곳이었다. 서면교차로에서 매우 가까운 곳이지만 서면 유흥가와는 완전히 다른 후미진 곳이었다.

2010년을 전후하여 이곳이 조금씩 변하기 시작했다. 창업을 통해 새로운 시도를 하고자 하는 젊은 세대들이 주목했다. 가까이 있는 서면의 유흥 지역에 비해선 상대적으로 점포세가 싼 점이 가장 주요한 이유였다. 비록 기계의 기름때가 배어있는 지저분한 길이었고 여전히 각종 공구나 기계, 전기전자 부품이 무질서하게 흩어져있어서 좁고 허름하고 아무런 가치가 없어 보이는 건물 상태였지만, 적은 자본으로 세를 내고 내 마음대로 빌려 쓸 수 있다는 것이 큰 매력이었다.

전포카페거리의 시작은 당연히 주변의 모습과 어울리지 않는 어색한 모습이었다. 후미진 길에는 기계를 움직이는 소리며,

그라인드에서 불꽃이 튀는 모습과 매캐한 쇠 냄새가 거리를 메우고 있었다. 기계 공구, 전기·전자 부품의 창고로 쓰이던 건물은 도무지 다른 것으로 사용될 수 없을 것 같은 모습이었다. 이런 상황에도 전혀 아랑곳하지 않고 독자적이고 창의적인 아이디어와 손길 하나로 비집고 들어갔다. 예쁜 카페와 참신한 밥집들이 하나씩 선보이기 시작했다. 이 거리를 지나가는 사람들 누구나가 '저기에 무슨 저런 장사가 되겠어?'라고 의문을 가졌다. 그냥 다니기에도 도무지 엄두를 내고 싶지 않은 으슥한 곳이었다. 여전히 칙칙하고 기름때 묻은 온갖 기계, 공구, 전기 시설물이 잔뜩 노출된 곳인데, 이런 곳에 있는 카페를 찾고 밥집을 간다는 것이 말이 되지 않는 일이었다.

그럼에도 불구하고 삼삼오오 젊은이들이 찾아들었다. 이들의 역발상적인 생각 때문이라고 해야 할 것이다. 아름답고 참신한 카페가 있다면 찾고 찾아

맛집 앞에 줄을 서서 기다리는 사람들

서라도 경험하려 했다. 앙증맞은 맛을 내는 밥집이 있다면 길게 줄을 서서라도 맛보려고 했다. 이런 생활 패턴이 젊은이들 속에 살아 있었다. 상식적이고 당연한 곳은 싫고, 좀 독특하고 기발한 것이 있는 곳이라면 찾아가 경험하는 것을 서슴지 않았다. 핸드폰을 손에 들고 걸어 다니면서 보는 세대에겐 전혀 어색하지 않

핸드폰 보며 카페를 찾는 모습

은 패턴이었다.

전포카페거리는 이런 젊은이들의 구미와 패턴에 맞아떨어졌다. 어른들이 보면 신기한 일이었지만 젊은이들에게는 오히려 당연한 것이었다. 그래서 큰 호응과 환호를 일으킨 장소가 되었다. 당연히 인터넷, SNS, 인스타그램이 활성화되면서 주위를 넘어 타도시, 타국까지 알려지게 되었다. 이젠 전포카페거리를 누구도 후미지고 으슥한 곳으로 보지 않는다. 여전히 공구·전기·전자 상점이 상당히 노출되어 있지만 누구나 가보고 싶은 곳, 새로운 것을 경험하고 맛볼 수 있는 곳으로 바라본다. 전포카페거리는 그렇게 변화된 채 우리 곁에 다가와 있다.

소문이 소문을 낳고

많은 소문이 나면서 전포카페거리는 젊은이들이 북적거리고 있다. 소문을 듣고 찾아온 사람들이 이곳저곳 구석구석을 돌아보는 모습이 많이 보인다. 인터넷, SNS, 인스타그램에서 잘 알려진 카페나 음식점은 더욱 북적대고, 처음부터 핸드폰만 보면서 이런 곳을 찾고 있는 젊은이들도 얼마든지 볼 수 있다. 저녁

이 되면 전포카페거리의 밥집이 많은 곳은 여느 번화가와 다르지 않게 사람이 북적인다. 특히 C구역, D구역은 서면 번화가와 바로 연결되는 부분이어서 이곳이 서면 번화가라고 하여도 전혀 어색하지 않고, 그 한 부분으로 느껴질 정도다. 전포카페거리가 이제는 완전히 상권이 형성되어 제자리를 잡은 것 같다.

그런데 이곳에 거슬리는 상점이 하나 들어서 있다. 전포카페거리와 전혀 어울리지 않은 것, 커다란 커피 프랜차이즈 상점이 그것이다. 순간 '아 이런 것이 벌써 자리 잡았네! 이런 것은 이곳에 못 들어오게 할 수 없나!' 튀어나오는 탄식과는 다르게 C구역 가장 중심이 되는 곳에 버젓이 자리 잡아 버렸다. 프랜차이즈 상점은 거대화와 획일화의 상징이다. 큰 자본을 바탕으로 오직 상업성에 목표를 두고 있다. 전포카페거리의 특성과는 전혀 다른 것인데 '이를 어쩌면 좋지!'라는 소리가 또 튀어나온다.

속으로 몇 마디 외쳐대긴 하지만 전포카페거리의 현실은 그렇지 않은 게다. 이곳이 이미 상권이 형성되고 그만큼 번화한 장소가 되다 보니 상업성이 높은 곳에 더 큰 자본이 투자되는 것은 당연한 논리가 적용되고 있다. 따라서 전포카페거리는 원래의 특성과는 달리 또 다른 힘에 의해 일부 도태되어 가는 것으로 보인다. 이는 전포카페거리 전체가 벌써 큰 자본과 상업성에 내몰리고 있다는 증거이기도 하다. 공구 전자 상점의 자리를 비집고 들어가 창업과 함께 자신의 일을 위한 순수한 일터로 시작된 카페거리가 큰 자본과 상업성에 의해 벌써 부분적으로 위기에 빠지고 있는 것이다.

　큰 자본이 들어오고 상업성에 초점이 맞춰지면 그 영향은 전반적인 땅값 상승으로 나타난다. 임대료나 점포세가 오른다는 것을 의미한다. 그렇다면 애초 점포세가 싼 곳을 찾아 들어섰던 전포카페거리의 많은 가게들은 어떻게 될까? 독자적이고 창의적으로 일구었던 순수한 가게들은 어떻게 되어갈까? 높아진 상업성 때문에 더 많은 돈을 벌 수 있게 되었다고 좋게 여길까? 높은 점포세를 유지하면서도 계속 영업을 해 나갈 수 있을까? 그렇게 되기 위해서는 모든 면에서 가게의 운영방식이 변화되어야 할 텐데, 혹시라도 변질되어 버리지 않을까? 아니면 돈을 많이 버는 것이 처음 취지가 아니었던 만큼 처음의 순수성을 그대로 유지하며 버티고 나갈까? 그것도 아니면 번화한 상업성을 떠나 원래의 순수성을 살릴 수 있는 곳으로 아예 옮겨갈까?

　이미 그런 순수성에 위협을 받았기 때문일까? 전포카페거리에는 카페가 많이 보이지 않는다는 점에 눈이 간다. 카페보다 더 많은 것은 음식점들이다. 번화한 상업 지역에서 더 많은 돈을 벌기 위해서라면 돈의 회전율이 높은 장사를 해야 한다. 카페보다는 음식점이다. 차를 한잔 시켜 놓고 몇 시간을 죽치는 곳보다, 끼니때 나타나서 끼니를 해결하면 자리를 비워주는 곳이 당연히 돈을 더 벌게 된다. 지금은 카페거리라는 이름이 무색할 정도로 음식점으로 즐비하다. C구역, D구역에서 특히 더 그렇다. 있던 카페가 없어졌다고 하기보다, 더 많은 음식점이 촘촘하게 들

C, D구역의 음식점

어서고 나니 상대적으로 카페는 더 적은 것 같이 보인다. 그래서 전체적인 분위기 면에서 본다면 전포카페거리는 언제 공구거리였느냐 싶게 아름다운 카페거리의 풍경을 연출하더니, 이제는 카페거리의 아름다움마저도 감춰져 가면서 도심지의 여느 젊은이의 거리와 다를 바 없는 번화가와 유흥가로 변해가고 있다.

'둥지 내몰림 현상'을 아는가?

젠트리피케이션[4], '둥지 내몰림 현상'이라고 하였던가! 전포카페거리가 그런 현상의 대표적인 곳이라고 하겠다. 새로운 창업자들에 의해 카페거리가 만들어지면서 원래의 공구·전자 상가가 밀려난 것은 분명 일종의 '둥지 내몰림 현상'이겠다. 원래 주민에게는 자신의 삶의 터전을 잃게 된다는 입장에서 결코 환

---

4 낙후된 지역에 새로운 계층이 유입되어 지역이 활성화되면, 낙후지역을 살던 사람들은 치솟는 집값을 감당할 수 없어 그 지역을 버리고 떠나게 되는 현상.

영할 수 없는 일이지만, 이곳 전포카페거리는 도시 재생이라는 입장에서 건물주에게도 그랬지만 모든 이에게 환영을 받는 일이었다. 으슥하고 후미진 곳이 밝고 활기찬 거리로 변하였기에 모두가 주목했고 젊은이들은 환호하기까지 했다.

문제는 예쁘게 단장된 전포카페거리마저도 벌써 상업적 자본에 밀려나는 현상이 생긴 것이다. 창업을 통해 소박하게 차려진 가게들이 더 들어설 곳을 점점 잃어가고 있다. 돈 많은 프랜차이즈 상점들은 상업성이 높은 길목이나 유흥가를 결코 그냥 두지 않는다. 전포카페거리가 소문이 나고 유흥가에 버금가는 거리가 되면서 상업적 자본이 이미 침투해 버렸고 이는 더 이상 소박한 가게들이 차려질 수 없음을 의미한다. 결국 또 다른 젠트리피케이션, 둥지 내몰림 현상이 발생하고 있다.

그러면 전포카페거리는 앞으로 어떻게 될까? 정말 상업적 자본에 밀려 유흥가와 비슷한 모습으로 변할 것인가? 더 이상 독자적이고 창의적인 창업의 공간 연출은 어려울까? 그렇다면 창업을 통해 순수한 가게를 차리고 싶어 하는 또 다른 젊은 창업자들은 어디로 가야 할까?

이런 고민의 발로일까? 가까운 곳에 새로운 창업 지역이 생겨나고 있다. 전포카페거리의 북쪽 서전로를 건너 2번째 블록 지역부터 전포초등학교에 이르는 지역, 221쪽 지도에서 '나' 지역이다. 이곳에 들어서면 순수한 창업정신으로 보다 최근에 상점을 낸 예쁜 가게들을 많이 볼 수 있다. 카페, 공방, 꽃집, 밥집 등 어느 것 할 것 없이 자신만의 특유의 장식과 디자인으로 뽐내듯 들어서 있다. 이곳도 예전엔 공구·전기·전자 등 온갖 부품 상점이 즐비했던 곳이다. 아직도 공구, 전자의 옛 간판 모습이 그대로 남아 있기도 하고 옛 영업이 이뤄지고 있기도 하다. 전리단길[5]이라고 이름 붙여져 있다.

이젠 전리단길을 가 보세요

전리단길의 1.5층 공간이 보인다

전리단길 1.5층 다락 카페. 이곳에 앉아 보았다. 길거리를 내려다보는 맛은 정말 새롭다. 바깥이 바로 나의 공간으로 느껴진다. 길에서는 유리창 안에 있는 나를 쳐다보겠지만, 카페에 앉은 나는 길거리의 모든 것을 한눈에 본다. 내가 길거리라는 공간을 다 가지고 있다. 전망이 특별하지는 않지만 일상을 살아가는 사람들의 움직임을 코앞에서 볼 수 있는 정말 독특한 공간이다. 안에서는 선키로는 허리도 채 펴기 힘든 곳임에도 깔끔하게 꾸며 놓으니 아늑하게 이야기 나누고 싶은 좋

5　서울 이태원의 경리단길이라는 이름에 전포동의 '전' 자를 합쳐 전리단길이라고 했다.

은 공간이 되었다. 좁은 공간이 오히려 남의 방해를 받지 않는 곳이 되고 있다. 맘에 맞는 사람과 진득하게 앉아 있고 싶은 생각도 든다. 이 정도면 창의성은 대박이라 싶다.

가게에 따라 1층을 더 높게 사용하기 위해 1.5층을 틔운 곳도 있지만, 1.5층이라는 다락 공간, 이것을 그대로 살려 사람이 들어가 이야기하는 공간을 만들어 놓은 곳이 많다. 카페 이전 시절 공구·전기 상점이었을 때는 이곳이 1층 위에 있는 다락방 같은 공간이었고 대부분 물건을 재어 놓는 창고 역할을 하였다. 비슷한 시기에 지어진 건물들이 연이어 붙어 있기 때문에 똑같이 이 공간을 가지고 있다. 뭐 이런 곳이 카페로 변하다니 쉽게 이해되긴 어렵다. 도무지 합리적이지도 않고 효율적이지도 않은 공간이었다. 하지만 역으로 도무지 사용하기 어려운 공간을 활용하는 창의성의 대표적 공간이 되었다.

전리단길의 이러한 모습을 보면 자신만의 순수한 가게를 창업하고자 하는 젊은이들이 상당히 많음을 알겠다. 어쩌면 누구나 이런 창업쯤은 '나도 한번?' 하고 꿈꾸기도 할 것이다. 누구에게도 구애받지 않는 공간에서 자신이 연출한 창의적 아이디어를 담아 가게를 운영한다는 것은 어쩌면 요즘 사람들의 열망임을 반증한다. 정말로 이곳의 대부분 상점은 젊은 창업자들에 의한 창의적 발상과 도전적인 이미지가 어우러져 있다. 전리단길은 그런 창업자들의 수요를 보완하는 새로운 장소로 떠오르고 있다.

전리단길은 전포카페거리와는 좀 다른 양상을 보이는 점이 있어 또 하나 주목해야 한다. 전포카페거리는 음식점 중심의 상업적 공간이 주로 차지하였다. 라이브카페, 공방, 작은 미술관, 책방 등…. 더 다양하고 매력적인 아이템들이 많은데도 전포카페거리에서는 잘 볼 수 없었다. 그런데 전리단길은 다르다. 전리단길은 음식점 외에 더 다양한 아이템들이 어울려 한마디로 문화예술적 공간이 부각되고 있다.

부산진구에서 만든 전리단길을 소개하는 팸플릿[6]에는 아예 '전리단길 공방거리'라는 이름을 제목으로 달아 놓았다. 2019년 4월 현재 무려 22개의 공방을 소개해 놓았다. 도자기, 액세서리, 사진, 가구, 가죽, 방향제, 주얼리, 꽃 등이 만들어지는 곳, 새로운 공방 거리가 탄생한 것이다. 어쩌면 전포카페거리와 차별화되고, 전리단길로서의 독특성을 보이는 부분이다. 곳곳에 누구

전리단길 공방

---

6 부산진구, 전리단길 공방 가이드 맵, 마을기업 주식회사 청년진구, 2019

나 한번 가서 체험하고 싶은 체험 공간도 많이 마련되어 있다. 매력적인 공간으로 변해가는 전리단길. 앞으로 더 주목해도 좋을 것 같다.

'밭개거리'라는 또 새로운 곳

하지만 전포카페거리와 같이 전리단길 마저 상업성과 유흥성에 포함되지 말라는 보장이 없다. 그런 것을 예상했기 때문일까? 아니면 그럴 것이라고 이미 판단을 내렸기 때문일까? 그냥 원래 순수한 창업정신만을 생각하며 일을 하고자 하는 사람들은 또 다른 곳을 선택하였다. 아예 그럴 가능성이 없는 곳으로 말이다. 221쪽 지도에서 '다' 지역에 해당하는 곳이다. 아직도 어떤 이름도 붙여지지 않은 곳인데 이곳을 '밭개거리'[7]라고 조심스럽게 이름 붙여 본다.

이곳은 전체적으로 주택가이다. 1, 2층 주택이 즐비하게 있는 이곳에 군데군데 카페, 공방, 맛집 등이 독립적으로 분포한다. 전포카페거리에서 전포로 동쪽으로 한 블록 안쪽에서부터 전포동 언덕 동성로에 이르는 넓은 주택가에 한두 개씩 띄엄띄엄 들어섰다. 전체적인 공간이 넓어 지금은 집적성이 전혀 보이

---

7   전포는 한자로 田浦라고 쓰는데, 밭을 뜻하는 田자와 갯가를 뜻하는 浦자가 합쳐진 말이다. 그러므로 전포(田浦)의 우리말은 '밭개'가 된다.

지 않는다. 아무리 봐도 이 지역 전체가 결코 번화가로 변하지는 않을 것 같다. 오히려 대규모 아파트 단지가 들어선다면 전체가 변할 수 있을지 모를 일이지만 당분간은 주택가 그 자체로 있을 것 같다. 이런 주택가 속에 한두 개의 카페, 공방, 맛집이 들어서고 있는 것이다.

주택가 한가운데 자리잡은
'밭개거리'의 한 카페

이곳을 찾는 사람들은 번화한 곳이나 유흥이 넘치는 곳과는 거리 먼, 허름한 곳, 후미진 곳에 들어선 카페를 일부러 찾아다니는 젊은이들이다. 거리는 여느 주택가와 같이 한적한 곳이다. 하지만 2-5명의 젊은이들이 핸드폰에 의지하여 위치를 찾고 있는 모습을 종종 볼 수 있다. 이미 만들어져 알려진 몇 곳은 줄을 서서 자기 차례를 기다리고 있다. 주변은 여전히 허름한 주택가이지만, 젊은이들 몇몇이 어울려 걸어 다니는 것이 정말 생뚱맞은 분위기이지만 개의치 않고 있다. 앞으로 어떤 모습으로 바뀌게 될지 알 수가 없다.

사람의 마음을 읽어주는 곳

도시 재생이라는 차원에서 성공적인 모습을 보이는 전포

카페거리. 누구나 호감을 가지는 지역으로 변하게 한 그 힘에는 독자성과 창의성이 있었다. 누구나 돌아보고 싶은 곳이 되었다. 구석구석을 돌아보며 있는 듯 없는 듯, 보일 듯 말 듯한 카페나 음식점을 찾아다녀 보는 것이 이곳의 진정한 묘미가 되었다. SNS를 통해 소문을 들은 사람들은 삼삼오오 핸드폰에 의지하여 이미 그렇게 속속 방문하고 있다.

전포카페거리 공간은 살아 움직인다. 생명을 담아 움직이는 것 같다. 새로 태어나기도 하고, 사라지기도 하고, 만들어지기도 하고 바뀌기도 한다. 이 공간을 움직이는 힘은 우리들 삶 아래에 깔린 근원적인 갈망과 관련이 있어 보인다. 독자성, 자율성, 자발성, 창조성, 참신성이라는 말로 표현되는 힘이다. 사람의 마음을 읽어 주는 힘이라고 규정하고 싶다. 이는 우리 사회를 지배하는 것이 돈의 힘만이 아니라고 외치는 것과 같아 보인다. 그 좋고 아름다운 힘의 이야기가 더 많이 베어 나왔으면 좋겠다. 전포카페거리에서 그런 공간을 더 많이 만났으면 좋겠다. 그리하여 더 많은 젊은이가 환호하고 모든 사람들이 환영하는 공간이 오래도록 연출될 수 있으면 좋겠다.

오늘도 전포카페거리를 걷다가 맘 내키는 한 곳에 들어가 사람의 마음을 읽어주는 아름다운 힘을 느끼고 싶다.

협성문화재단
NEW BOOK
프로젝트 총서

교실에서 못다 한 부산이야기
ⓒ 허정백, 2019

초판 1쇄 발행	2019년 12월 23일
2쇄 발행	2020년 07월 30일
지은이	허정백
발행처	(재)협성문화재단
	부산광역시 동구 중앙대로 360(수정동) 협성타워 9층
	T. 051) 503-0341 F. 051) 503-0342
제작처	도서출판 호밀밭
	T. 070) 7701-4675 E. homilbooks@naver.com

ISBN 979-11-968669-2-1 (03980)

※ 가격은 겉표지에 표시되어 있습니다.
※ 이 책에 실린 글과 이미지는 저자와 출판사의 허락 없이 사용할 수 없습니다.

이 도서의 국립중앙도서관 출판예정도서목록(CIP)은 서지정보유통지원시스
템 홈페이지(http://seoji. nl. go. kr)와 국가자료공동목록시스템(http://www.
nl. go. kr/kolisnet)에서 이용하실 수 있습니다. (CIP제어번호: CIP2019048181)